## もくじと学しゅうの記ろく

💻 本書に関する最新情報は，当社ホームページにある本書の「サポート情報」をご覧ください。(開設していない場合もございます。)

JN058271

# 1 1000までの 数

標準クラス

**1** 数字で 書きましょう。

(1) 七百四　　(2) 六百三十　　(3) 三百十　　(4) 五百十九

( 　　　 ) ( 　　　 ) ( 　　　 ) ( 　　　 )

**2** つぎの 数を 大きい じゅんに 書きましょう。

(1) 763　　739　　791　　733

( 　　　　　　　　　　　 )

(2) 120　　102　　201　　210

( 　　　　　　　　　　　 )

**3** □に あてはまる 数を 書きましょう。

(1) 250より 50 大きい 数は □ です。

(2) 1000より 1 小さい 数は □ です。

(3) 10を 38こ あつめた 数は □ です。

**4** □に あてはまる ＞, ＜を 書きましょう。

(1) 499 □ 512          (2) 695 □ 701

(3) 263 □ 236          (4) 623 □ 632

**5** □に あてはまる 数を 書きましょう。

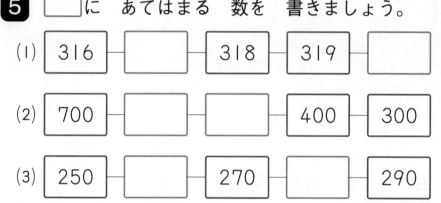

(1) 316 — □ — 318 — 319 — □

(2) 700 — □ — □ — 400 — 300

(3) 250 — □ — 270 — □ — 290

**6** 3, 7, 5の 3つの 数字を つかって できる 数を,
大きい じゅんに 書きましょう。

(     ) ⟶ (     ) ⟶ (     )

⟶ (     ) ⟶ (     ) ⟶ (     )

**7** 640に ついて, □に あてはまる 数を 書きましょう。

(1) 640は, 10を □ こ あつめた 数です。

(2) 640は, 百のくらいの 数字が □, 十のくらいの 数字

が □, 一のくらいの 数字が □ です。

# 1 1000までの数 ➡ ハイクラス

**1** 数字を かん字で 書きましょう。（12点/1つ3点）

〔れい〕 135 （百三十五）

(1) 803

(2) 290

(　　　　　　　）　　（　　　　　　　）

(3) 915

(4) 547

(　　　　　　　）　　（　　　　　　　）

**2** ☐に あてはまる 数を 書きましょう。（28点/1つ4点）

(1) 100が 6こと, 10が 8こで, ☐ です。

(2) 10が 72こで, ☐ です。

(3) 670より 80 小さい 数は ☐ です。

(4) 865=☐+60+5

(5) 604=☐+4

(6) 512=500+☐+2

(7) 963=900+☐

**3** 数の線の □に，数を 書きましょう。(16点/1つ4点)

(1)
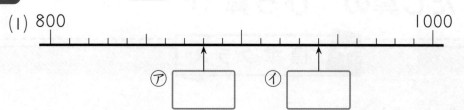

(2)
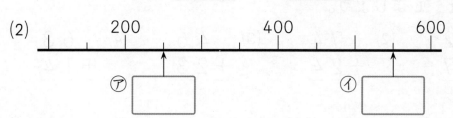

**4** □に あてはまる ＞，＜を 書きましょう。(20点/1つ5点)

(1) 890 □ 400+500

(2) 501 □ 700－200

(3) 710 □ 1000－300

(4) 599 □ 100+500

**5** □に あてはまる 数を ぜんぶ 書きましょう。(24点/1つ6点)

(1) 476＜4□6

(2) 592＞59□

( )        ( )

(3) 805＜□17

(4) 130＞1□2

( )        ( )

# 2 たし算の ひっ算 ①

標準クラス

**1** 計算を しましょう。

(1)
```
  3 2
+ 6 7
```

(2)
```
  7 4
+ 2 4
```

(3)
```
  4 6
+ 2 3
```

(4)
```
  6 3
+ 1 4
```

(5)
```
  4 3
+   8
```

(6)
```
    6
+ 6 7
```

(7)
```
  6 4
+ 1 9
```

(8)
```
  4 9
+ 5 2
```

(9)
```
  5 3
+ 8 6
```

(10)
```
  4 7
+ 6 8
```

(11)
```
  7 4
+ 5 7
```

(12)
```
  8 8
+ 5 2
```

**2** まちがいを なおして, 正しい しきと 答えを 書きましょう。(1)は しき, (2)は 答えを なおします。

(1)
```
  3 6
+   5
─────
  4 1
```
⇒ [　　　　]

(2)
```
  4 7
+ 3 6
─────
  7 1
```
⇒ [　　　　]

**3** 下の　左と　右の　カードで，（れい）のように　答えが　同じに　なる　ものを，線で　むすびましょう。

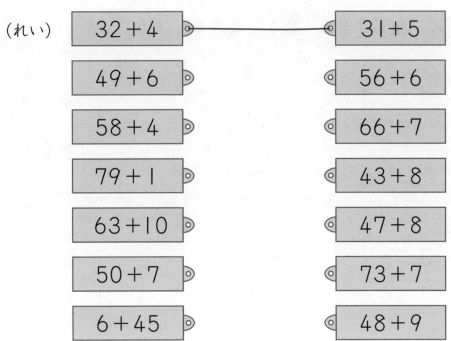

（れい）
| 32＋4 | | 31＋5 |

| 49＋6 | | 56＋6 |
| 58＋4 | | 66＋7 |
| 79＋1 | | 43＋8 |
| 63＋10 | | 47＋8 |
| 50＋7 | | 73＋7 |
| 6＋45 | | 48＋9 |

**4** 花だんに　花が　さきました。赤が　29本，黄色が　24本です。花は，ぜんぶで　何本　さきましたか。
（しき）

答え（　　　　　）

**5** けんじさんは，前から　18人目です。けんじさんの　後ろに　23人　ならんで　います。みんなで　何人　ならんで　いますか。
（しき）

答え（　　　　　）

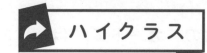 **ハイクラス**

答え ▶ べっさつ2ページ

| 時 間 | 25分 | とく点 |
|---|---|---|
| 合かく | 80点 | 点 |

**1** □に あてはまる 数を 書きましょう。(24点/1つ4点)

(1)
```
  1 3
+ 5 □
─────
  □ 2
```

(2)
```
  4 □
+ 1 6
─────
  □ 5
```

(3)
```
  □ 4
+ 2 7
─────
  9 □
```

(4)
```
  □ 7
+ 3 □
─────
  7 6
```

(5)
```
  7 □
+ □ 2
─────
1 6 4
```

(6)
```
  □ 8
+ 5 □
─────
1 1 0
```

**2** 計算を しましょう。(36点/1つ3点)

(1)
```
  4 7
  2 0
+   3
─────
```

(2)
```
  1 9
  4 0
+   3
─────
```

(3)
```
  1 7
  5 0
+   5
─────
```

(4)
```
  5 0
  3 6
+   7
─────
```

(5)
```
  4 5
  1 4
+ 1 2
─────
```

(6)
```
  5 9
  1 5
+ 2 2
─────
```

(7)
```
  3 6
  4 6
+ 1 2
─────
```

(8)
```
  1 6
  6 9
+ 1 4
─────
```

(9)
```
  3 6
  8 2
+ 1 6
─────
```

(10)
```
  4 2
  9 1
+ 2 9
─────
```

(11)
```
  5 6
  1 8
+ 7 1
─────
```

(12)
```
  3 7
  3 9
+ 8 1
─────
```

**3** たいちさんは, おり紙を 36まい もって います。ゆいさんは, たいちさんより 18まい 多く もって います。2人の おり紙を あわせると, ぜんぶで 何まいに なりますか。ゆいさんの おり紙の まい数を 先に もとめてから 計算しましょう。(8点)

(しき)

答え (　　　　　　)

**4** みさきさんは, 毎日 本を 読んで います。月曜日に 45ページ, 火曜日に 35ページ, 水曜日には 20ページ 読みました。3日間で 何ページ 読みましたか。1つの しきで 書きましょう。(8点)

(しき)

答え (　　　　　　)

**5** みかんがりに 行きました。けいたさんは 32こ, お兄さんは 46こ, お姉さんは 27こ とりました。3人で 何このみかんを とりましたか。1つの しきで 書きましょう。

(12点)

(しき)

答え (　　　　　　)

**6** 本だなに 本が 入って います。上の だんに 38さつ, まん中の だんに 46さつ, 下の だんに 47さつ ありました。本は ぜんぶで 何さつ 入って いますか。1つの しきで 書きましょう。(12点)

(しき)

答え (　　　　　　)

# 3 ひき算の ひっ算 ①

 標準クラス

**1** 計算を しましょう。

(1)
```
  5 7
- 1 4
```

(2)
```
  4 3
- 1 1
```

(3)
```
  7 8
- 5 6
```

(4)
```
  9 4
- 3 6
```

(5)
```
  9 0
- 4 6
```

(6)
```
  6 3
-   7
```

(7)
```
  9 6
- 2 8
```

(8)
```
  7 1
- 4 6
```

(9)
```
  1 2 1
-   8 0
```

(10)
```
  1 3 9
-   6 7
```

(11)
```
  1 5 8
-   6 7
```

(12)
```
  1 0 2
-   7 8
```

書いて まとめる **2** 下の ひっ算は まちがって います。どこが まちがって いるかを せつめいして みましょう。

```
  7 2
- 1 5
  6 7
```

_____

_____

_____

**3** 下の 左と 右の カードで，（れい）のように 答えが 同じに なる ものを，線で むすびましょう。

（れい）

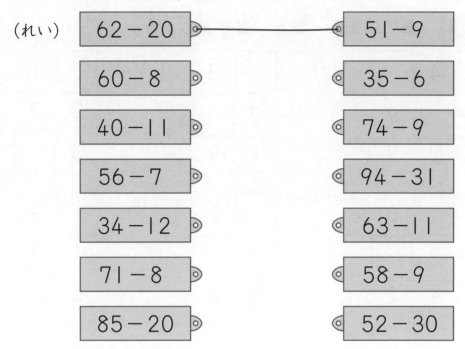

| 左 | 右 |
|---|---|
| 62－20 | 51－9 |
| 60－8 | 35－6 |
| 40－11 | 74－9 |
| 56－7 | 94－31 |
| 34－12 | 63－11 |
| 71－8 | 58－9 |
| 85－20 | 52－30 |

**4** 赤い 花が 35本 さいて います。黄色い 花は それより 16本 少ないです。黄色い 花は，何本 さいて いますか。

（しき）

答え （　　　　　　　　　）

**5** なわとびを したら，お兄さんは 79回，お姉さんは 82回 とびました。どちらが どれだけ 多く とびましたか。

（しき）

答え （　　　　　　　　） の ほうが （　　　　　　） 多く とんだ。

# 3 ひき算の ひっ算 ①

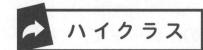 ハイクラス

| 時間 | 25分 | とく点 |
| --- | --- | --- |
| 合かく | 80点 | 点 |

**1** □に あてはまる 数を 書きましょう。(24点/1つ4点)

(1)
```
    4 □
 -  □ 9
 ─────
    2 7
```

(2)
```
    □ 3
 -  7 □
 ─────
    1 9
```

(3)
```
    □ 1
 -  2 2
 ─────
    3 □
```

(4)
```
    □ 0
 -  3 □
 ─────
    1 2
```

(5)
```
    □ 2
 -  2 □
 ─────
    5 8
```

(6)
```
    □ 3
 -  1 7
 ─────
    6 □
```

**2** 計算を しましょう。(36点/1つ3点)

(1)
```
   8 0
 - 3 0
 - 2 0
```

(2)
```
   9 0
 - 7 0
 - 1 0
```

(3)
```
   7 5
 - 1 5
 - 2 0
```

(4)
```
   9 0
 - 2 5
 - 3 0
```

(5)
```
   3 4
 - 1 2
 - 1 0
```

(6)
```
   5 8
 - 1 6
 - 2 0
```

(7)
```
   9 9
 - 5 6
 - 4 3
```

(8)
```
   7 8
 - 6 2
 - 1 5
```

(9)
```
   1 2 6
 -   3 0
 -   1 7
```

(10)
```
   1 8 7
 -   9 6
 -   8 9
```

(11)
```
   1 5 7
 -   6 7
 -   4 4
```

(12)
```
   1 0 6
 -   4 8
 -   4 9
```

**3** えんぴつが 30本と キャップが 23こ あります。ぜんぶの えんぴつに キャップを つけます。キャップは 何こ たりませんか。(8点)

(しき)

答え (　　　　　　　)

**4** はるとさんは 16番目に 学校に つきました。今は 33人 来て います。はるとさんの あとから 何人 来ましたか。(8点)

(しき)

答え (　　　　　　　)

**5** うんどう場で ボールあそびを して いました。1組は 28人，2組は 19人でした。ボールあそびを して いたのは 55人です。1組でも 2組でも ない 人は 何人ですか。1つの しきで 書きましょう。(12点)

(しき)

答え (　　　　　　　)

**6** おり紙が 125まい あります。赤い おり紙は 34まい，青い おり紙は 44まい ありました。のこりは ぜんぶ みどり色の おり紙です。みどり色の おり紙は 何まいですか。1つの しきで 書きましょう。(12点)

(しき)

答え (　　　　　　　)

# 4 たし算の ひっ算 ②

 標準クラス

**1** 計算を しましょう。

(1)
```
  1 2 4
+   3 5
```

(2)
```
  4 1 6
+   5 0
```

(3)
```
  3 4 6
+   2 7
```

(4)
```
  2 1 5
+   6 5
```

(5)
```
    2 8
+ 6 5 0
```

(6)
```
    4 2
+ 7 3 9
```

(7)
```
    6 8
+ 8 1 8
```

(8)
```
    4 7
+ 2 4 3
```

(9)
```
  1 0 2
+   1 7
```

(10)
```
  3 0 3
+   8 9
```

(11)
```
    6 4
+ 7 0 7
```

(12)
```
    8 2
+ 9 0 8
```

(13)
```
  5 4 7
+     6
```

(14)
```
  8 5 9
+     2
```

(15)
```
      8
+ 4 2 7
```

(16)
```
      5
+ 3 7 5
```

(17) 85+26+5

(18) 66+52+4

(19) 635+8+29

(20) 860+6+27

**2** □に あてはまる 数を 書きましょう。

(1)
```
    1 4 1
  +   □ 5
  ─────────
    1 8 6
```

(2)
```
    □ 7
  + 4 1 8
  ─────────
    4 3 5
```

(3)
```
      3 □
  + 6 □ 1
  ─────────
    6 9 0
```

**3** おはじき入れを しました。1回目は 115点で，2回目は 80点でした。2回 あわせた 点数は 何点ですか。

(しき)

答え (          )

**4** けい子さんは きのうまでに 本を 206ページ 読みました。今日は 28ページ 読みました。ぜんぶで 何ページ 読みましたか。

(しき)

答え (          )

**5** お店で 69円の けしゴムと，525円の ふでばこを 買いました。いくら はらえば よいですか。

(しき)

答え (          )

**6** どんぐりひろいに 行きました。わたしは 65こ，妹は 59こ，弟は 16こ ひろいました。あわせて 何こ ひろいましたか。

(しき)

答え (          )

# 4 たし算の ひっ算 ②

 ハイクラス

## 1 計算を しましょう。(48点/1つ3点)

(1)
```
  142
+  27
```

(2)
```
  216
+  82
```

(3)
```
  537
+  18
```

(4)
```
  924
+  67
```

(5)
```
   47
+ 151
```

(6)
```
   29
+ 468
```

(7)
```
   58
+ 613
```

(8)
```
   35
+ 735
```

(9)
```
  208
+  67
```

(10)
```
  404
+  59
```

(11)
```
   87
+ 406
```

(12)
```
   30
+ 708
```

(13)
```
  170
+   9
```

(14)
```
  466
+   8
```

(15)
```
    5
+ 308
```

(16)
```
    4
+ 506
```

## 2 計算を しましょう。(12点/1つ4点)

(1)
```
   46
   59
+ 35
```

(2)
```
  234
   25
+   9
```

(3)
```
   75
   48
   27
+ 39
```

**3** □に あてはまる 数を 書きましょう。(12点/1つ4点)

(1)
```
    2  3  □
 +     □  7
 ─────────
    2  5  0
```

(2)
```
    □  9
 +  3  5  □
 ─────────
    3  8  2
```

(3)
```
    4  0  □
 +     □  8
 ─────────
    4  9  5
```

**4** 316円の おり紙と，75円の けしゴムを 買いました。
いくら はらえば よいですか。(8点)
(しき)

答え （　　　　　　　）

**5** みんなで なわとびを しました。みつ子さんは，1回目は
68回，2回目は 37回，3回目は 49回 とびました。あわ
せると 何回 とびましたか。(10点)
(しき)

答え （　　　　　　　）

**6** 子ども会で ハイキングに 行きました。おとなは 56人
来ました。ようち園の 子は 34人で，小学生は 104人
いました。ぜんぶで 何人 あつまりましたか。(10点)
(しき)

答え （　　　　　　　）

# 5 ひき算の ひっ算 ②

標準クラス

**1** 計算を しましょう。

| (1) | | (2) | | (3) | |
|---|---|---|---|---|---|
| | 2 3 4 | | 3 6 2 | | 2 9 8 |
| − | 2 3 | − | 4 1 | − | 6 0 |

| (4) | | (5) | | (6) | |
|---|---|---|---|---|---|
| | 7 7 6 | | 4 3 5 | | 6 8 9 |
| − | 7 2 | − | 3 0 | − | 9 |

| (7) | | (8) | | (9) | |
|---|---|---|---|---|---|
| | 6 5 6 | | 4 7 3 | | 3 8 4 |
| − | 2 8 | − | 5 9 | − | 4 7 |

| (10) | | (11) | | (12) | |
|---|---|---|---|---|---|
| | 3 6 4 | | 4 7 2 | | 9 5 0 |
| − | 8 | − | 6 | − | 5 |

**2** つぎの 計算を ひっ算で しましょう。

(1) 290−50−30

(2) 580−20−45

(3) 760−23−28

**3** □に あてはまる 数を 書きましょう。

(1)
```
    3 7 □
  －   □ 8
  ─────────
    3 1 4
```

(2)
```
    4 □ 7
  －   2 □
  ─────────
    4 5 9
```

(3)
```
    7 5 □
  － □   4
  ─────────
    7 0 6
```

**4** 体いくかんには 長いすが 299きゃく あります。新しい 長いすと とりかえて もらうため，古い 長いすを そうこへ もって いきました。のこった 長いすは 38きゃく でした。とりかえて もらう 長いすは 何きゃくですか。
(しき)

答え（　　　　　）

**5** しんじさんの 学校には 453人の じどうが います。今日，29人 休みました。今日，学校に 来たのは 何人ですか。
(しき)

答え（　　　　　）

**6** 赤い おり紙が 554まい あります。青い おり紙は，赤い おり紙より 45まい 少ないです。青い おり紙は 何まい ありますか。
(しき)

答え（　　　　　）

ハイクラス

| 答え ▶ べっさつ5ページ | |
|---|---|
| 時 間　25分 | とく点 |
| 合かく　80点 | 点 |

**1** 計算を しましょう。(45点/1つ3点)

(1)
```
  2 2 9
-   1 6
```

(2)
```
  3 4 4
-   3 2
```

(3)
```
  6 5 8
-   4 7
```

(4)
```
  5 9 8
-   9 4
```

(5)
```
  4 8 2
-   8 0
```

(6)
```
  8 7 9
-     9
```

(7)
```
  2 3 2
-   1 5
```

(8)
```
  3 7 4
-   6 9
```

(9)
```
  7 4 5
-   2 6
```

(10)
```
  3 6 7
-   5 9
```

(11)
```
  5 9 2
-   8 6
```

(12)
```
  7 6 2
-   5 3
```

(13)
```
  9 2 1
-     9
```

(14)
```
  6 5 3
-     4
```

(15)
```
  8 7 0
-     2
```

**2** 答えが 同じに なる カードを 線で むすびましょう。

(15点/1つ5点)

| 280−20−32 ◦ | ◦ 285−78 |
|---|---|
| 291−61−7 ◦ | ◦ 250−22 |
| 265−9−49 ◦ | ◦ 249−26 |

**3** 体いくかんに，ボールが たくさん あります。青い ボールが 154こ，赤い ボールが 49こ，みどり色の ボールが 43こ ありました。(20点/1つ10点)

(1) 青い ボールと みどり色の ボールでは，どちらが 何こ 多いですか。

(しき)

答え （　　　　　　　　　　　　）が （　　　　）多い。

(2) 赤い ボールと 青い ボールでは，どちらが 何こ 多いですか。

(しき)

答え （　　　　　　　　　　　　）が （　　　　）多い。

**4** 1組の 学きゅう文こは，本を 21さつ もらったので 140さつに なりました。2組の 学きゅう文こは，1組より 24さつ 本が 少ないです。2組の 本は 何さつですか。

(10点)

(しき)

答え （　　　　　　　　）

**5** 390ページ ある 本を 読んで います。きのうは 45ページ，今日は 35ページ 読みました。あと 何ページ のこって いますか。(10点)

(しき)

答え （　　　　　　　　）

# チャレンジテスト①

**1** 数の線を 見て 答えましょう。

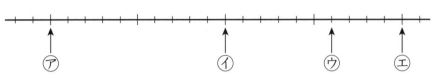

(1) ⑦が 400, ⓔが 600を あらわすとき, ④と ⓒは それぞれ いくつを あらわしますか。(12点/1つ6点)

④ (　　　　　) ⓒ (　　　　　)

(2) ⑦が 780, ⓔが 800を あらわすとき, ④と ⓒは それぞれ いくつを あらわしますか。(12点/1つ6点)

④ (　　　　　) ⓒ (　　　　　)

**2** 計算を しましょう。(36点/1つ3点)

(1)
```
  46
+ 37
```

(2)
```
  65
+ 78
```

(3)
```
  67
- 29
```

(4)
```
 103
-  85
```

(5)
```
 309
+  41
```

(6)
```
    8
+ 675
```

(7)
```
 167
-  52
```

(8)
```
 274
-  37
```

(9)
```
  24
  15
+ 43
```

(10)
```
  47
  29
+ 56
```

(11)
```
  98
- 46
- 32
```

(12)
```
 138
-  26
-  54
```

3 2年生は 105人 います。そのうち 女の子は 58人です。男の子は 何人ですか。(10点)

(しき)

答え (                    )

4 花だんに，赤い 花が 50本，黄色い 花が 20本，白い 花が 40本 さいて います。ぜんぶで 何本 さいて いますか。1つの しきで 書きましょう。(10点)

(しき)

答え (                    )

5 けんじさんは えんぴつを 15本 もって います。わたしは，けんじさんよりも 8本 多く もって います。
2人の えんぴつを あわせると，何本に なりますか。(10点)

(しき)

答え (                    )

6 おはじきを ひろ子さんは 31こ，あすかさんは 26こ もって います。ひろ子さんは，あすかさんに 9こ あげました。おはじきは，どちらが 何こ 多く なりましたか。

(10点)

(しき)

答え (                    )

## チャレンジテスト②

**1** □に あてはまる ＞, ＜を 書きましょう。(18点/1つ3点)

(1) 782 □ 872

(2) 908 □ 910

(3) 200+300 □ 490

(4) 1000−400 □ 599

(5) 801 □ 810−10

(6) 445 □ 400+50

**2** 計算を しましょう。(42点/1つ7点)

(1) 47+48+85

(2) 69+34−28

(3) 157−28+36

(4) 292−8−45

(5) 59+311−8−56

(6) 103−14+72−77

3 本が 本だなの 上の だんに 43さつ，まん中の だんに 79さつ，下の だんに 57さつ ならべて あります。本だなぜん体に ならべて ある 本は 何さつですか。(10点)
(しき)

答え (　　　　　　　)

4 おり紙が 110まい あります。そうたさんが 38まい つかい，弟が 24まい つかいました。おり紙は 何まい のこって いますか。(10点)
(しき)

答え (　　　　　　　)

5 みさきさんは，きのうまでに 本を 105ページ 読んで いました。今日，27ページ 読むと，のこりが 32ページに なります。この 本は，ぜんぶで 何ページ ありますか。(10点)
(しき)

答え (　　　　　　　)

6 2年1組は，男子が 23人，女子が 18人で，2年2組は，男子も 女子も 21人です。1組と 2組を あわせると，男子と 女子では，どちらが 何人 多いですか。(10点)
(しき)

答え (　　　　　　　)

# 6 ばいと かけ算

 標準クラス

**1** □に あてはまる 数を 書きましょう。

(1) $6 \times 4 = $ □ + □ + □ + □

(2) $5 \times$ □ $= 5 + 5 + 5$

(3) $8 \times 6 = $ □ + □ + □ + □ + □ + 8

(4) $9 + 9 + 9 + 9 + 9 = $ □ $\times$ □

(5) $3 \times 7$ は □ の □つ分です。

(6) 2の 8ばいは □ $\times$ □

**2** つぎの もんだいに 答えましょう。

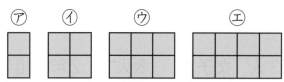

ア　イ　ウ　エ

(1) ①は ⑦の 何ばいですか。　　　（　　　　　）

(2) ⑨は ⑦の 何ばいですか。　　　（　　　　　）

(3) ⓔは ①の 何ばいですか。　　　（　　　　　）

**3** つぎの もんだいを，かけ算の しきに 書いて 答えを 出しましょう。

(1) クッキーを，1人に 2まいずつ 5人に くばります。クッキーは ぜんぶで 何まい いりますか。

(しき)

答え（　　　　　　　）

(2) ケーキが 4こずつ 入った はこが 7つ あります。ケーキは，ぜんぶで 何こ ありますか。

(しき)

答え（　　　　　　　）

(3) あめが 3ふくろ あります。1ふくろには 8こずつ 入って います。あめは，ぜんぶで 何こ ありますか。

(しき)

答え（　　　　　　　）

(4) 夏休みは 6週間です。何日 休みますか。(1週間は 7日 です。)

(しき)

答え（　　　　　　　）

(5) 長いすが 8きゃく 出て います。1きゃくに 4人ずつ すわると，ぜんぶで 何人 すわれますか。

(しき)

答え（　　　　　　　）

# 6 ばいと かけ算

**ハイクラス**

| 時 間 | 25分 | とく点 |
| --- | --- | --- |
| 合かく | 80点 | 点 |

**1** 絵を 見て，□に あてはまる 数を 書いて，かけ算の しきに あらわしましょう。(24点/1つ8点)

(1)

1ふくろ □こずつ □ふくろ分

(しき)

(2)
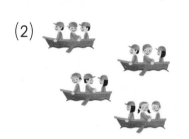

1そう □人ずつ □そう分

(しき)

(3)
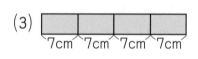

7cm 7cm 7cm 7cm

1こ □cmずつ □こ分

(しき)

**2** ●の 数を かぞえて います。□に あてはまる 数を 書きましょう。(36点/1つ9点)

(1)

□この □ばいで，□こ

(2)

□この □ばいで，□こ

(3)

□この □ばいで，□こ

(4)

□この □ばいで，□こ

**3** 公園に，4人のりの　自どう車が　あります。自どう車が 5台では，何人　のれますか。☐の　中に　あてはまる 数や　しきを　書きましょう。(10点)

☐人ずつの　かたまりが　☐台分だから，かけ算の

しきで，☐=☐　と　あらわせます。

また，この　しきを　たし算の　しきで　あらわすと，

☐=☐　と　なります。

**4** 下の　あいて　いる　ところを　うめて，かけ算の　しきに なる　もんだいを　つくり　しきも　書きましょう。(10点)

1人に ＿＿＿＿ずつ ＿＿＿＿を　くばります。＿＿＿＿

＿＿＿＿＿＿＿＿＿＿＿＿＿＿＿＿＿＿＿＿＿＿＿＿

(しき)

＿＿＿＿＿＿＿＿＿＿＿＿＿＿＿＿＿＿＿＿＿＿＿＿

**5** 1はこ　6こ入りの　ドーナツを，2はこ　買いました。ドー ナツは，ぜんぶで　何こ　ありますか。(10点)

(しき)

答え（　　　　　　）

**6** みかんを　7人に　3こずつ　くばると，みかんは　ぜんぶで 何こ　いりますか。(10点)

(しき)

答え（　　　　　　）

答え ▶ べっさつ9ページ

# 7 かけ算 ①

 標準クラス

## 1 かけ算を しましょう。

(1) 5×4

(2) 3×4

(3) 2×6

(4) 2×4

(5) 3×7

(6) 5×2

(7) 3×5

(8) 5×8

(9) 2×9

(10) 3×3

(11) 2×7

(12) 5×6

(13) 5×9

(14) 3×9

(15) 2×5

(16) 2×3

(17) 5×3

(18) 3×8

(19) 2×8

(20) 5×7

(21) 3×6

## 2 □に あてはまる 数を 書きましょう。

(1) 5×□=25

(2) 3×□=21

(3) 2×□=16

(4) 3×□=27

**3** どれだけに なりますか。かけ算の しきを 書いて 計算<sup>けいさん</sup>
しましょう。

(1) 5この 8ばい
（しき）

答え<sup>こた</sup> （　　　　　　）

(2) 3まいの 6ばい
（しき）

答え （　　　　　　）

(3) 2人<sup>ふたり</sup>の 9ばい
（しき）

答え （　　　　　　）

**4** お父<sup>とう</sup>さんは，1週間<sup>しゅうかん</sup>に 2日 休みが あります。今月<sup>こんげつ</sup>は
ちょうど 4週間です。今月の 休みは 何日<sup>なんにち</sup> ありますか。
（しき）

答え （　　　　　　）

**5** 5人 すわれる 長<sup>なが</sup>いすが 4きゃくと，3人 すわれる 長
いすが 6きゃく あります。長いすには，みんなで 何人
すわれますか。
（しき）

答え （　　　　　　）

**1** 答えが 大きい ほうの （ ）に，○を 書きましょう。 (27点/1つ3点)

(1) （ ） 2×6　(2) （ ） 3×3　(3) （ ） 5×5
（ ） 3×5　　（ ） 5×2　　（ ） 3×9

(4) （ ） 2×5　(5) （ ） 5×4　(6) （ ） 3×4
（ ） 3×2　　（ ） 3×7　　（ ） 2×7

(7) （ ） 3×6　(8) （ ） 5×1　(9) （ ） 2×8
（ ） 2×8　　（ ） 2×3　　（ ） 5×3

**2** □に あてはまる 数を 書きましょう。(36点/1つ6点)

(1) 2×4 は，2×3 より □ 大きい。

(2) 3×5 は，3×□ より 3 小さい。

(3) 5×2＝5×3−□

(4) 3×5＝3×4+□

(5) 5×4−5＝5×□

(6) 3×2+3＝3×□

**3** 1ふくろに　3こずつ　キャラメルを　入れて　います。あと，
1こ　あると，ちょうど　8ふくろに　なります。今　ある
キャラメルは　何こですか。(8点)
（しき）

答え（　　　　　　　　）

**4** 公園に　のりものが　5台　あります。1台に　2人ずつ　分
かれて　のると，3人　のれませんでした。公園に　みんなで
何人　いましたか。(9点)
（しき）

答え（　　　　　　　　）

**5** 1こ　5円の　あめを　8こ　買ったら，おつりが　10円で
した。お金を　いくら　はらいましたか。(10点)
（しき）

答え（　　　　　　　　）

**6** 3本ずつ　たばに　なった　花が　6たば　あります。そのう
ち，8本が　赤い　花で，あとは，ぜんぶ　黄色い　花です。
黄色い　花は，何本　ありますか。(10点)
（しき）

答え（　　　　　　　　）

# 8 かけ算 ②

 標準クラス

## 1 かけ算を しましょう。

(1) 6×5

(2) 4×9

(3) 7×4

(4) 7×2

(5) 6×3

(6) 4×8

(7) 7×5

(8) 4×4

(9) 6×7

(10) 4×5

(11) 7×6

(12) 6×2

(13) 6×4

(14) 7×7

(15) 4×6

(16) 4×3

(17) 6×6

(18) 7×9

(19) 6×9

(20) 7×8

(21) 4×2

## 2 □に あてはまる 数を 書きましょう。

(1) 6×□=54

(2) 4×□=20

(3) 4×□=28

(4) 7×□=56

**3** □に あてはまる 数や しきを 書きましょう。

(1) 18は 6の □ ばい

(2) 36は 4の □ ばい

(3) 49は 7の □ ばい

(4) 20は 4の □ ばい

(5) 6の 4ばいを しきで あらわすと, □ = □

(6) 7の 5ばいを しきで あらわすと, □ = □

**4** ひろしさんは 1日に 4ページずつ ドリルを ときます。
1週間で, 何ページ ときますか。
(しき)

答え ( )

**5** あめを 7ふくろ 買いました。1ふくろには あめが 6こ
ずつ 入って います。ぜんぶで あめは 何こですか。
(しき)

答え ( )

**6** 子どもたちが 7人ずつ 手を つないで, グループを つく
りました。グループが 8つ できました。子どもは, みんな
で 何人 いますか。
(しき)

答え ( )

# ハイクラス

答え ▶ べっさつ10ページ

| 時　間 | 25分 | とく点 |
| --- | --- | --- |
| 合かく | 80点 | 点 |

**1** 答えが 大きい ほうの （ ）に，〇を 書きましょう。

(27点/1つ3点)

(1) （　） 4×6

　　 （　） 7×3

(2) （　） 6×9

　　 （　） 7×8

(3) （　） 4×4

　　 （　） 7×2

(4) （　） 7×4

　　 （　） 6×5

(5) （　） 4×9

　　 （　） 7×5

(6) （　） 7×2

　　 （　） 6×3

(7) （　） 6×8

　　 （　） 7×7

(8) （　） 4×8

　　 （　） 6×7

(9) （　） 4×5

　　 （　） 6×4

**2** □に あてはまる 数を 書きましょう。(40点/1つ5点)

(1) 6の 3ばいは □ です。

(2) 4の □ ばいは 32 です。

(3) $7×3+7=$ □

(4) $6×7-6=$ □

(5) $4×1=4×2-$ □

(6) $7×9=7×8+$ □

(7) $4×$ □ $=4×5-4$

(8) $7×$ □ $=7×5-7$

**3** ぼうで　右のような　形を　6こ　つくりました。ぼうは　まだ　5本　あまって　います。はじめに，ぼうは　何本　ありましたか。(8点)

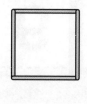

（しき）

答え（　　　　　　）

**4** 1はこに　半ダース　入って　いる　えんぴつが，4はこ　あります。えんぴつは，ぜんぶで　何本　ありますか。(8点)

（しき）

答え（　　　　　　）

**5** 1人に　7まいずつ，4人に　おり紙を　くばろうと　したら，5まい　たりませんでした。はじめに　おり紙は，何まい　ありましたか。(8点)

（しき）

答え（　　　　　　）

**6** 1パック　6こ入りの　たまごを　買うと，たまごが　1こ　おまけに　つきます。3パック　買うと，たまごは　ぜんぶで　何こ　ありますか。(9点)

（しき）

答え（　　　　　　）

# 9 かけ算 ③

 標準クラス

**1** かけ算を しましょう。

(1) 8×3　　　(2) 1×4　　　(3) 9×8

(4) 6×7　　　(5) 4×8　　　(6) 9×6

(7) 9×3　　　(8) 8×9　　　(9) 3×7

(10) 8×7　　　(11) 7×7　　　(12) 9×5

(13) 8×6　　　(14) 1×7　　　(15) 9×9

(16) 9×7　　　(17) 8×4　　　(18) 6×6

(19) 1×8　　　(20) 9×2　　　(21) 8×8

**2** □に あてはまる 数を 書きましょう。

(1) 8×□=32　　　　(2) 9×□=63

(3) 7×□=21　　　　(4) □×8=56

**3** □に　あてはまる　数や　しきを　書きましょう。

(1) 48は　8の　□ばい

(2) 27は　9の　□ばい

(3) 36は　4の　□ばい

(4) 2は　1の　□ばい

(5) 7の　8ばいを　しきで　あらわすと，　□＝□

(6) 8の　3ばいを　しきで　あらわすと，　□＝□

**4** お父さんは，毎日　会社で　8時間ずつ　はたらきます。5日間では，何時間　はたらく　ことに　なりますか。

（しき）

答え（　　　　　）

**5** ドーナツの　はこが　6はこ　あります。1はこの　中には，ドーナツが　9こずつ　入って　います。ドーナツの　数は，ぜんぶで　何こですか。

（しき）

答え（　　　　　）

**6** ケーキが　1さらに　1こずつ，4さら分　あります。ケーキは　ぜんぶで　何こ　ありますか。

（しき）

答え（　　　　　）

**7** いすが　4きゃくずつ　8れつに　ならんで　いて，あと　3きゃく　うしろに　あります。いすは　ぜんぶで　何きゃく　ありますか。

（しき）

答え（　　　　　）

# 9 かけ算 ③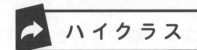

| 時 間 | 25分 | とく点 |
|---|---|---|
| 合かく | 80点 | 点 |

**1** 答えが 大きい ほうの ( )に, ○を 書きましょう。

(24点/1つ2点)

(1) ( ) 4×5  (2) ( ) 6×8  (3) ( ) 9×6

( ) 8×2  ( ) 9×5  ( ) 7×8

(4) ( ) 2×3  (5) ( ) 7×6  (6) ( ) 3×7

( ) 1×7  ( ) 5×9  ( ) 6×4

(7) ( ) 7×2  (8) ( ) 6×5  (9) ( ) 8×3

( ) 3×5  ( ) 8×4  ( ) 7×4

(10) ( ) 2×4  (11) ( ) 8×6  (12) ( ) 9×3

( ) 3×3  ( ) 7×7  ( ) 5×5

**2** □に あてはまる 数を 書きましょう。(40点/1つ5点)

(1) 1の 8ばいは □ です。

(2) 9の □ ばいは 18です。

(3) 1×8+1=□

(4) 8×9−8=□

(5) 9×6=9×5+□

(6) 1×3=1×□−1

(7) 9×□=9×3+9

(8) 8×□=8×4−8

**3** 1ふくろに 8こ 入った パンを, 3ふくろ 買いました。おひるごはんに みんなで 食べたら, パンが 4こ あまりました。パンは 何こ 食べましたか。(9点)

(しき)

答え （　　　　　　　）

**4** ショートケーキを 8こ つくります。ショートケーキの 上に 1こずつ いちごを かざると かざり用の いちごは, 何こ いりますか。(9点)

(しき)

答え （　　　　　　　）

**5** ひなこさんの 組では, つくえが よこに 8台 ならんでいます。4れつ ならんで いて 5れつ目は 4台です。ひなこさんの 組に ある つくえの 数は 何台ですか。(9点)

(しき)

答え （　　　　　　　）

**6** 色紙を 1人に 9まいずつ くばります。けい子さんの グループは, 女の子が 4人と 男の子が 3人です。けい子さんの グループには, 色紙が 何まい いりますか。(9点)

(しき)

答え （　　　　　　　）

# 10 かけ算の きまり

**1** □に あてはまる 数を 書きましょう。

(1) 6×9=9×□

(2) 4×2=2×□

(3) 7×3=3×□

(4) 5×8=8×□

(5) 4×8=□×4

(6) 5×6=□×5

(7) 6×3=□×6

(8) 9×7=□×9

**2** □に あてはまる ことばや 数を 書きましょう。

(1) かけ算では, □数と □数を 入れか
えても, 答えは 同じに なります。

(2) 3×5 は 3の □ばいです。5の □ばいと 同じです。

(3) 6×5 は 6×4 より □ 大きいです。

(4) 7×6=35+□=□

**3** 下の 図のように，教室の かべに 絵が はって あります。絵は ぜんぶで 何まい あるか，いろいろな かぞえ方を 考えました。

(1) □に あてはまる 数を 書きましょう。

まり子さんの かぞえ方

3×9+□ □ = □

ゆかさんの かぞえ方

4×5=20    3×□ =12    20+12=□

✎(2) さとるさんは 下のように 考えました。□に あてはまる 数を 書いて，さとるさんが どのように 考えたのか せつめいしましょう。

4×9−□ = □

(せつめい) _____

_____

_____

_____

# 10 かけ算の きまり

→ ハイクラス

**1** □に あてはまる 数を 書きましょう。(40点/□1つ5点)

(1) 7のだんの 九九の 答えは, □ ずつ ふえて います。

(2) 8×6 の 答えに 8を たすと, 8×□ の 答えに なります。

(3) 3×6=6×□

　　 =2×□

　　 =□×2

(4) 2×12=12×□

　　 =□×4

　　 =4×□

**2** 九九の ひょうを 見ながら, □に あてはまる 数を 書きましょう。(30点/1つ5点)

(1) 5×3+5×6=5×□

(2) 9×3+9×4=9×□

(3) 4×7=4×5+4×□

(4) 6×9=6×3+6×□

(5) 2×8=2×□+2×3

(6) 3×6=3×□+3×4

**3** れいのように, ▭に あてはまる 数を 書きましょう。

(れい)　$2×3=6$
　　　　$9×3=27$ ┐→ $11×3=33$

(1)　$5×6=30$
　　　$7×6=42$ ┐→ $\boxed{\phantom{00}}×6=72$

(2)　$4×8=32$
　　　$4×5=20$ ┐→ $4×\boxed{\phantom{00}}=52$

**4** 4のだんの 九九の 答えで, 3のだん, 6のだん, 8のだんの 答えにも なる 数を 書きましょう。(10点)

（　　　　　　）

**5** ぜんぶの ●の 数を もとめる かけ算の しきを 2つ 書いて, 答えを もとめましょう。(10点)

○○○○○○○○○○○○○○○○○○
○○○○○○○○○○○○○○○○○○
○○○○○○○○○○○○○○○○○○

しき（　　　　　　　　　　　　）

しき（　　　　　　　　　　　　）

答え（　　　　　　）

# 🎯 チャレンジテスト③

**1** つぎの 計算を しましょう。(30点/1つ2点)

(1) 2×7　　　　(2) 4×6　　　　(3) 6×8

(4) 8×9　　　　(5) 1×6　　　　(6) 9×8

(7) 3×7　　　　(8) 5×9　　　　(9) 7×7

(10) 6×3−6　　　　　　(11) 8×7+8

(12) 5×5+5　　　　　　(13) 4×7−4

(14) 9×4+9　　　　　　(15) 7×6+7

**2** □に あてはまる ＞, ＜, ＝を 書きましょう。(18点/1つ3点)

(1) 6×5 □ 3×9　　　　(2) 4×8 □ 8×4

(3) 4×5 □ 3×7　　　　(4) 8×3 □ 4×6

(5) 4×9 □ 6×6　　　　(6) 7×8 □ 9×6

**3** □に あてはまる 数を 書きましょう。(12点/1つ3点)

(1) 4の 6ばいと 同じ 数は, 3の □ ばいです。

(2) 2の 4ばいより 2 大きいのは, 2の □ ばいです。

(3) 3の 6ばいより 3 小さいのは, 3の □ ばいです。

(4) 2の 10ばいより 2 大きいのは, 2の □ ばいです。

4 つぎの しきは, 何の 何ばいですか。( )に あてはまる
数を 書きましょう。(10点/1つ5点)

(1) 9×2                    (2) 1×5

( )の ( )ばい      ( )の ( )ばい

5 4人 すわれる 長いすが 5きゃくと, 3人 すわれる 長
いすが 7きゃく あります。長いす ぜんぶでは, 何人 す
われますか。(6点)
(しき)

答え ( )

6 色紙を 1人に 7まいずつ 分けると, 4人に 分けられて
6まい あまりました。色紙は はじめに 何まい ありま
したか。(6点)
(しき)

答え ( )

7 1はこ 6こ入りの プリンが, 3はこ あります。2こ 食
べると, プリンは 何こ のこりますか。(8点)
(しき)

答え ( )

8 下の 図の ◯の 数を もとめる しきを あらわします。
□に あてはまる 数を 書きましょう。(10点/1つ5点)

◯◯◯◯◯    (1) 2×□+□
◯◯◯◯◯
◯◯◯       (2) 3×□−□

## チャレンジテスト④

**1** 計算を しましょう。(18点/1つ3点)

(1) 4×10　　　(2) 6×0　　　(3) 7×10

(4) 2×13　　　(5) 11×3　　　(6) 12×4

**2** □に あてはまる 数を 書きましょう。(20点/1つ4点)

(1) 8×6=8×4+8×□　　　(2) 5×7=5×□−5

(3) 2×3+2×4=2×□　　　(4) 6×1+6×3=6×□

(5) 2×10+2×3=2×□

**3** ブロックを 3こずつ か
さね, よこに ならべて
いきます。(14点/1つ7点)

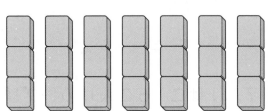

(1) 今, 7れつ ならんで い
ます。ブロックは 何こ ありますか。
(しき)

答え (　　　　　　)

(2) このまま よこに 12れつ ならべると, ブロックは 何こ
に なりますか。
(しき)

答え (　　　　　　)

4 5本ずつ　セットに　なった　えんぴつが　8セットと，7本
ずつ　セットに　なった　クレヨンが　5セット　あります。
どちらが　何本　多いですか。(12点)
(しき)

答え（　　　　　　　　　　）が　（　　）本　多い。

5 せんべいを　1日に　2まいずつ　1週間　食べると，6まい
のこりました。せんべいは，はじめに　何まい　ありました
か。(12点)
(しき)

答え（　　　　　　　　）

6 1こ　6円の　あめを　5こ　買える　お金を　もって，お店
へ　行きました。しかし，1こ　8円の　あめしか　ありませ
んでした。1こ　8円の　あめを　4こ　買うには，何円　た
りませんか。(12点)
(しき)

答え（　　　　　　　　）

7 1まいの　ねだんが　3円と　4円と　5円の　画用紙を　3
まいずつ　買って，100円　出しました。おつりは　いくら
ですか。(12点)
(しき)

答え（　　　　　　　　）

# 11 （　）の　ある　しき

**1** 計算を　しましょう。

(1) 30−(13+7)

(2) 98−(4+26)

(3) 37+(22−12)

(4) 21+(13−9)

(5) 80−(24+16)

(6) 50−(19+6)

(7) 41+(119−24)

(8) 72+(111−83)

(9) 254−(19+7)

(10) 360−(27+6)

**2** 答えが　同じに　なる　カードを　線で　むすびましょう。

| 43−(21+9) | 43+21−9 |
| 50−(25−5) | 50+25+5 |
| 43+(21−9) | 43−21−9 |
| 50+(25+5) | 50−25+5 |

**3** ( )の ある しきに 書いて, 答えを もとめましょう。

(1) わたしは シールを 25まい もって います。お姉さんに 5まい, 妹に 3まい あげました。今, シールは 何まい ありますか。

(しき)

答え （　　　　　）

(2) 本だなの 上の だんには, 絵本が 30さつ おいて あります。下の だんには, どう話の 本が 17さつ, 図かんが 3さつ おいて あります。上の だんの 本は, 下の だんの 本と くらべて 何さつ 多いですか。

(しき)

答え （　　　　　）

(3) あきらさんの 組には 男の子が 17人 います。女の子は 今日 2人 休んだので 18人でした。あきらさんの 組は ぜんぶで 何人 いますか。

(しき)

答え （　　　　　）

(4) 190円 もって 買いものに 行きました。150円の ノートが 20円 やすく なって いたので 買ったら, のこりは, いくらに なりますか。

(しき)

答え （　　　　　）

# 11 ( )の ある しき

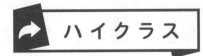

**1** 計算を しましょう。(40点/1つ4点)

(1) $25-16+3$

(2) $51-24+5$

(3) $48+13-5$

(4) $38+24-7$

(5) $16+(25-8)$

(6) $257+(12-6)$

(7) $181-(49+2)$

(8) $173-(138+4)$

(9) $(63+47)-(18+27)$

(10) $(46-18)+(116-34)$

**2** としやさんは 青い ビー玉を 69こ, 黄色い ビー玉を 66こ もって いました。きのう, 妹に 青い ビー玉を 2こ あげましたが, 今日, お母さんから 黄色い ビー玉を 3こ, 青い ビー玉を 4こ もらいました。下の しきは, 何の こ数を もとめる しきですか。( )の 中に 書きましょう。(20点/1つ10点)

(1) $(69-2)+4$

(              )

(2) $66+(69-2)$

(              )

**3** ( )の ある しきに 書いて, 答えを もとめましょう。

(40点/1つ10点)

(1) 130円 もって お店へ 行きました。55円の ガムを 2
こ 買うと, お金は いくら のこりましたか。
(しき)

答え (      )

(2) 電線に 鳥が 12わ とまって いました。そのうち, 5わ
とんで いきました。また, やねには 鳥が 7わ とまって
いました。今, 電線と やねに 鳥は 何わ とまって い
ますか。
(しき)

答え (      )

(3) みおさんは, あめを 41こ, やまとさんは 45こ もって
います。やまとさんが あめを 6こ 食べると, みおさんと
やまとさんの あめの 数の ちがいは 何こに なります
か。
(しき)

答え (      )

(4) わかざりを つくって います。たくやさんは 40こ, ゆみ
さんは 70こ つくりました。2人で あと 何こ つくる
と, 150こに なりますか。
(しき)

答え (      )

# 12 10000までの 数<sup>かず</sup>

標準クラス

**1** 数字で 書きましょう。

(1) 二千九百　　(2) 八千三　　(3) 五千三十　　(4) 九千六百一

( 　　　　 ) ( 　　　　 ) ( 　　　　 ) ( 　　　　 )

**2** 数字を かん字で 書きましょう。

(1) 1536　　　　(2) 8040　　　　(3) 7001

( 　　　　 ) ( 　　　　 ) ( 　　　　 )

**3** □に あてはまる ＞, ＜を 書きましょう。

(1) 1101 □ 1099　　　　(2) 8015 □ 8105

(3) 9439 □ 9349　　　　(4) 7353 □ 7532

(5) 6032 □ 6203　　　　(6) 1992 □ 2199

(7) 5990 □ 5899　　　　(8) 2323 □ 2332

**4** 計算を しましょう。

(1) 900＋700

(2) 1200－800

(3) 2000＋4000

(4) 5000－4000

(5) 2000＋8000

(6) 10000－2000

**5** ☐に あてはまる 数を 数字で 書きましょう。

(1) 1000を 3こ, 100を 8こ, 10を 2こ, 1を 9こ

　あわせた 数は ☐ です。

(2) 8073の 百のくらいの 数字は ☐ で, 十のくらいの

　数字は ☐ です。

(3) 9800と ☐ で 10000に なります。

(4) 7000まいの 紙を 100まいずつ たばに すると,

　☐ たば できます。

(5) 5000より 3 小さい 数は ☐ です。

(6) 3000より 8 大きい 数は ☐ です。

(7) 9990より 10 大きい 数は ☐ です。

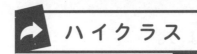

# 12 10000までの数

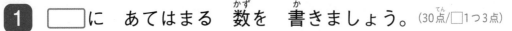

ハイクラス

答え ▶ べっさつ16ページ

| 時 間 | 25分 | とく点 |
|---|---|---|
| 合かく | 80点 | 点 |

**1** □に あてはまる 数を 書きましょう。(30点/□1つ3点)

(1) [　] ― 5950 ― 5900 ― [　] ― 5800

(2) 7050 ― [　] ― 6950 ― 6900 ― [　]

(3) 2850 ― [　] ― 2950 ― 3000 ― [　]

(4) 9800 ― [　] ― 9600 ― 9500 ― [　]

(5)
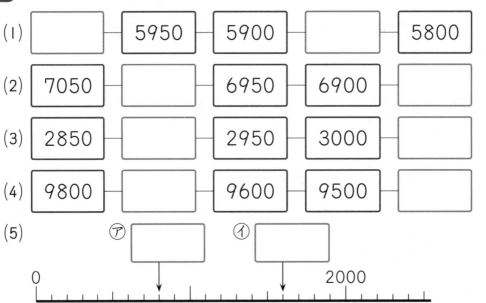

ア [　]　　イ [　]

0　　　　　　　　　　　2000

**2** □に あてはまる 数を 数字で 書きましょう。(30点/1つ5点)

(1) 9900より 1 大きい 数は [　] です。

(2) 4300は 100を [　] こ あつめた 数です。

(3) 100を 50こ あつめた 数は [　] です。

(4) 2900は 10を [　] こ あつめた 数です。

(5) [　] を 6こ, [　] を 7こ あわせた 数は 6070です。

(6) 1000を 6こ, 100を 23こ, 10を 14こ, 1を 35こ あわせた 数は [　] です。

**3** 1, 0, 9, 6の カードを 1まいずつ つかって 4けた の 数を つくりましょう。(9点/1つ3点)

(1) いちばん 大きい 数は （　　　　　　） です。

(2) いちばん 小さい 数は （　　　　　　） です。

(3) 6000に いちばん 近い 数は （　　　　　　） です。

**4** 0から 9までの 数の うち, □に あてはまる 数を ぜ んぶ 書きましょう。(12点/1つ4点)

(1) 1□69 ＞ 1575　　（　　　　　　　　　　　）

(2) □024 ＞ 5014　　（　　　　　　　　　　　）

(3) 7757 ＜ 7□58　　（　　　　　　　　　　　）

**5** 2960に ついて, □に あてはまる 数を 書きましょう。

(1) 2960は, 10を □ こ あつめた 数です。(4点)

(2) 2960は, 100を □ こ, 10を 16こ あわせた

数です。(5点)

**6** 100まいずつの たばに した はがきが 68たばと, 10 まいずつの たばに した はがきが 73たば あります。 はがきは ぜんぶで 何まい ありますか。(10点)
(考え方と しき)



　　　　　　　　　　　　　　　　答え （　　　　　　）

# 13 分数

標準クラス

**1** 下の 図は, それぞれの 分数を あらわして います。

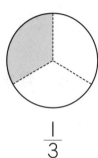 $\dfrac{1}{3}$  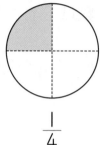 $\dfrac{1}{4}$  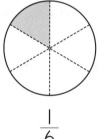 $\dfrac{1}{6}$  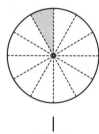 $\dfrac{1}{12}$

(1) $\dfrac{1}{3}$ と $\dfrac{1}{4}$ では, どちらが 大きいですか。 (          )

(2) $\dfrac{1}{4}$ と $\dfrac{1}{6}$ では, どちらが 大きいですか。 (          )

(3) $\dfrac{1}{6}$ を 6つ あつめると いくつに なりますか。

(          )

(4) $\dfrac{1}{12}$ を いくつ あつめると $\dfrac{1}{4}$ に なりますか。

(          )

**2** どちらが 大きいですか。○で かこみましょう。

(1) $\left\{ \dfrac{1}{3}, \dfrac{1}{7} \right\}$   (2) $\left\{ \dfrac{1}{5}, \dfrac{1}{6} \right\}$   (3) $\left\{ \dfrac{1}{8}, \dfrac{1}{2} \right\}$

(4) $\left\{ \dfrac{1}{2}, \dfrac{1}{9} \right\}$   (5) $\left\{ \dfrac{1}{11}, 0 \right\}$   (6) $\left\{ \dfrac{1}{3}, 1 \right\}$

**3** 下の 図のように いくつかの 同じ 大きさに 分けて, 色を ぬりました。色を ぬった ところが もとの 大きさの $\frac{1}{2}$に なって いる ものには ○を, なって いない ものには ×を つけましょう。

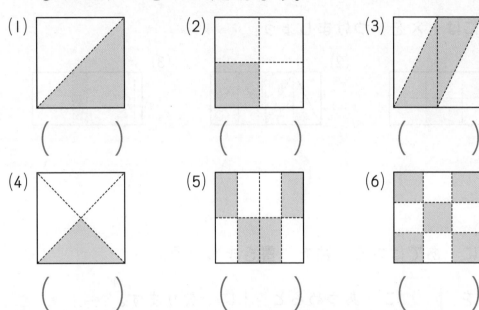

(1)
(　　　　　)

(2)
(　　　　　)

(3)
(　　　　　)

(4)
(　　　　　)

(5)
(　　　　　)

(6)
(　　　　　)

**4** 下の 図で, 色を ぬった ところの 大きさが もとの 大きさの 何分の一に なって いるのかを 分数で あらわしましょう。

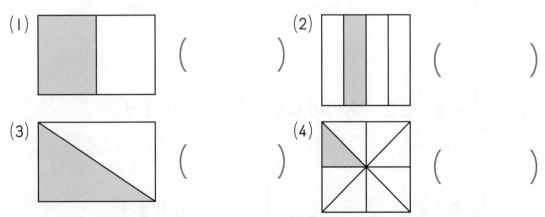

(1)
(　　　　　)

(2)
(　　　　　)

(3)
(　　　　　)

(4)
(　　　　　)

# 13 分数（ぶんすう）

➡ **ハイクラス**

**1** 下の 図（ず）の 色（いろ）を ぬった ところが もとの 大きさの $\frac{1}{4}$ に なって いる ものには ○を, なって いない ものには ×を つけましょう。(21点（てん）/1つ7点)

(1)　　　　　　　(2)　　　　　　　(3)

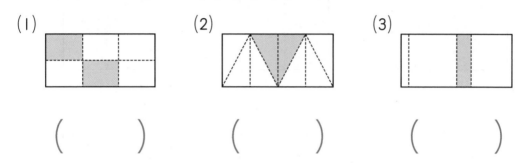

( 　　 )　　　　( 　　 )　　　　( 　　 )

**2** □に あてはまる 数（かず）を 書（か）きましょう。(30点/1つ6点)

(1) $\frac{1}{6}$ を □こ あつめると 1に なります。

(2) $\frac{1}{8}$ を □こ あつめると $\frac{1}{2}$ に なります。

(3) $\frac{1}{□}$ を 9こ あつめると 1に なります。

(4) $\frac{1}{□}$ を 2こ あつめると $\frac{1}{2}$ に なります。

(5) $\frac{1}{12}$ を 4こ あつめると □に なります。

**3** 2から 9までの 数で, □に あてはまる 数を ぜんぶ 書きましょう。(21点/1つ7点)

(1) $\frac{1}{8}$ より $\frac{1}{□}$ の 方が 大きい。

（　　　　　　　　　　　　　）

(2) $\frac{1}{6}$ より 大きく $\frac{1}{3}$ より 小さい 分数は $\frac{1}{□}$ です。

（　　　　　　　　　　　　　）

(3) $\frac{1}{□}$ を 5こ あつめると 1より 大きく なります。

（　　　　　　　　　　　　　）

**4** もとの 形の 大きさの $\frac{1}{4}$ に なるように 図に 色を ぬりたしましょう。(16点/1つ8点)

(1)
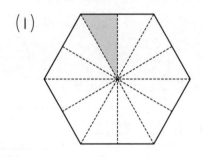

(2)
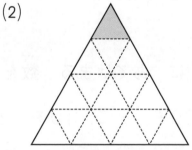

**5** 右のように, 紙を おって, ひらきました。⑦の 三角形の 大きさは もとの 形の 大きさの 何分の一ですか。分数で あらわしましょう。(12点)

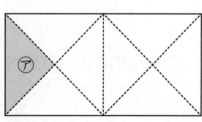

（　　　　　　　　　　　　　）

**1** 計算を しましょう。(30点/1つ5点)

(1) 74−(16+4)

(2) 33+(82−15)

(3) 18+(106−79)

(4) 196−(18+33)

(5) 37+(73−18)

(6) 180−(35−24)

**2** □に あてはまる 数を 書きましょう。(20点/□1つ5点)

(1) 1000を 3こ, 10を 23こ あわせた 数は, ⬚ です。

(2) 10000は, 100を ⬚ こ あつめた 数です。

(3)

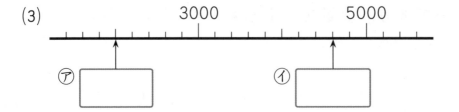

3 下のような 赤い テープが あります。(40点/1つ10点)

ア
イ
ウ
エ

(1) アの $\frac{1}{2}$ の 長さの テープは どれですか。

( )

(2) アの $\frac{1}{4}$ の 長さの テープは どれですか。

( )

(3) イの $\frac{1}{2}$ の 長さの テープは どれですか。

( )

(4) イの $\frac{1}{4}$ の 長さの テープは どれですか。

( )

4 みさきさんは，90円の えんぴつ 1本と，180円の ノート 1さつを 買って，300円 出しました。おつりは，いくらですか。( )の ある しきに 書いて，答えを もとめましょう。(10点)

(しき)

答え ( )

## チャレンジテスト⑥

答え ▶ べっさつ19ページ

| 時　間 | 30分 | とく点 |
|---|---|---|
| 合かく | 80点 | 点 |

**1** 計算を しましょう。(35点/1つ5点)

(1) 32−15+4

(2) 76−48+3

(3) 29+63−7

(4) 67+36−5

(5) 283−12−(29+38)

(6) (103−23)+(160−45)

(7) 892−(87−9)+56

**2** 5, 1, 0, 7の カードを 1まいずつ つかって 4けた
の 数を つくりましょう。(20点/1つ5点)

(1) いちばん 小さい 数は (　　　　　　) です。

(2) 2番目に 大きい 数は (　　　　　　) です。

(3) 6000に いちばん 近い 数は (　　　　　　) です。

(4) 一の位が 0のとき, 2番目に 小さい 数は
 (　　　　　　) です。

③ あられが 54こ あります。あかねさんが 8こ, そらさん
が 17こ 食べました。のこりは 何こに なりましたか。
( )の ある しきに 書いて, 答えを もとめましょう。

(15点)

(しき)

答え （ 　　　　　 ）

④ 3850円 もって 買いものに 行きました。千円さつを 2
まいと, 百円玉を 4まい, 十円玉を 12まい つかいまし
た。のこりは, いくらですか。(15点)

(しき)

答え （ 　　　　　 ）

⑤ 1つの ケーキを 同じ 大きさ 6こに 切り分けました。
切り分けた ケーキを 3人が 1こずつ 食べると, のこっ
た ケーキは, もとの ケーキの 何分の一の 大きさです
か。(15点)

（ 　　　　　 ）

答え ▶ べっさつ20ページ

# 14 時こくと 時間

標準クラス

**1** 時計を 見て, 答えましょう。

 ㋐   ㋑   ㋒

(1) それぞれの 時こくを 答えましょう。

㋐ (　　　　　) ㋑ (　　　　　) ㋒ (　　　　　)

(2) 長い はりが 1目もり すすむと, 何分 たちますか。

(　　　　　)

(3) 長い はりが 1まわりすると, 何分 たちますか。

(　　　　　)

(4) ㋐から ㋑までは, 何分 ありますか。

(　　　　　)

(5) ㋒は, 12時まで あと 何分 ありますか。

(　　　　　)

**2** 時計の はりを かきましょう。

(1) 8時20分　　(2) 3時10分　　(3) 1時50分

**3** よう子さんは, 友だちの 家へ あそびに 行きました。

(1) 友だちの 家に ついた 時こくを, 答え
ましょう。

（友だちの 家に ついた 時こく）

(　　　　　)

(2) 友だちと 1時間 あそんで, 友だちの
家を 出ました。友だちの 家を 出た
時こくの はりを, 時計に かきましょう。

**4** 今の 時こくは 午後3時20分です。

(1) 20分 たつと, 何時何分ですか。

(　　　　　　　　　)

(2) 40分前は 何時何分ですか。

(　　　　　　　　　)

(3) 午後6時まで 何時間何分 ありますか。

(　　　　　　　　　)

# 14 時こくと 時間

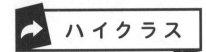
ハイクラス

| 時 間 | 25分 | とく点 |
|---|---|---|
| 合かく | 80点 | 点 |

**1** 図を 見て, 答えましょう。

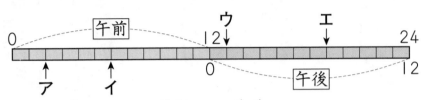

(1) ↑の 時こくを, 午前や 午後を つかわない 24時せいで 書きましょう。(20点/1つ5点)

ア ( ) イ ( ) ウ ( ) エ ( )

(2) アから ウまでと, イから エまでの 時間は, どちらが 何時間 長いですか。(10点)

( )から ( )までが ( ) 長い。

**2** 下の 図で, 左の 時こくから 右の 時こくまでの 時間は 何時間何分ですか。(20点/1つ10点)

(1)

( )

(2)

( )

**3** 計算を して，□に あてはまる 数を 書きましょう。

(1) 3時間30分+2時間10分= □ 時間 □ 分

(2) 4時間10分+3時間40分= □ 時間 □ 分

(3) 6時間28分-2時間8分= □ 時間 □ 分

(4) 3時間-1時間20分= □ 時間 □ 分

**4** 家から 学校まで 歩いて 15分です。7時45分に 家を 出ました。学校に ついたのは 何時ですか。(10点)

( )

**5** 4時30分から テレビを 見ます。1時間20分 見ると，何時何分に なりますか。(10点)

( )

**6** りくとさんの 家から 学校までは 25分 かかります。りくとさんが 午前8時15分に 学校に つくには，午前何時何分に 家を 出れば よいですか。(10点)

( )

# 15 長さ(なが)

標準クラス

**1** つぎの 線(せん)の 長(なが)さは 何(なん)cm ありますか。ものさしで はかりましょう。

(1)

(2)

( 　　　　　 )　　　　　( 　　　　　 )

**2** 下の ものさしで, 左の はしから ㋐, ㋑, ㋒, ㋓, ㋔, ㋕ までの 長さを 書(か)きましょう。また, ㋑と ㋔の 間(あいだ), ㋓と ㋔の 間は 何mm あるか, 書きましょう。

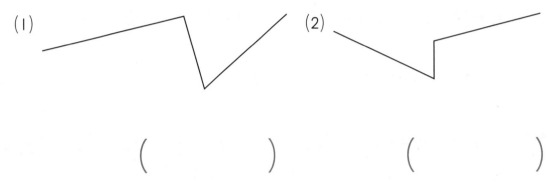

㋐ ( 　　　　　 )　　㋑ ( 　　　　　 )

㋒ ( 　　　　　 )　　㋓ ( 　　　　　 )

㋔ ( 　　　　　 )　　㋕ ( 　　　　　 )

㋑と ㋔の 間 ( 　　　　　 )　　㋓と ㋔の 間 ( 　　　　　 )

**3** □に あてはまる 数を 書きましょう。

(1) 4cm7mmは, 1cmを 4つと 1mmを □つ あわせた 長さです。

(2) 1cmを 7つと, 1mmを 35こ あわせた 長さは, □cm□mmです。

**4** 下のように, 2本の テープを あわせた 長さは どれだけ ですか。

```
　　　----6cm----　　　---3cm5mm---
　┌───────────────┬─────────┐
　└───────────────┴─────────┘
```
（　　　　　　）

**5** 下のような 2本の テープの 長さの ちがいは どれだ けですか。

```
　　---5cm4mm---　　　　　---4cm---
　┌──────────┐　　　┌────────┐
　└──────────┘　　　└────────┘
```
（　　　　　　）

**6** (　)の 中の たんいに なおしましょう。

(1) 6cm8mm (mm)

（　　　　　　）

(2) 74mm (cm, mm)

（　　　　　　）

(3) 2cm (mm)

（　　　　　　）

(4) 1m3cm (cm)

（　　　　　　）

(5) 4cm9mm (mm)

（　　　　　　）

(6) 5m (cm)

（　　　　　　）

(7) 10cm5mm (mm)

（　　　　　　）

(8) 820cm (m, cm)

（　　　　　　）

# 15 長さ(なが)

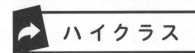

**1** つぎの 線(せん)の 長(なが)さを 書(か)きましょう。 (15点/1つ5点)

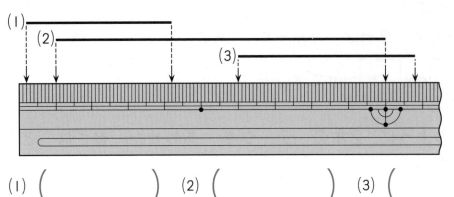

(1) ( 　　　　　 )　(2) ( 　　　　　 )　(3) ( 　　　　　 )

**2** 長(なが)い じゅんに ならべましょう。 (10点/1つ5点)

(1) 2cm5mm　　　28mm　　　3cm　　　3m

( 　　　　　　　　　　　　　　　　　　 )

(2) 41mm　　　4cm　　　1m4cm　　　40cm

( 　　　　　　　　　　　　　　　　　　 )

**3** 計算(けいさん)を して, □に あてはまる 数(かず)を 書(か)きましょう。

(30点/1つ6点)

(1) 6cm+43mm= □ cm □ mm

(2) 3m+7cm= □ cm

(3) 5cm8mm+7cm= □ cm □ mm

(4) 17cm5mm−9cm= □ cm □ mm

(5) 45cm3mm−18cm= □ cm □ mm

**4** □に あてはまる 数を 書きましょう。(15点/1つ5点)

(1) 429cm= [　　] m [　　] cm

(2) 108mm= [　　] cm [　　] mm

(3) 6cm3mm= [　　] mm

**5** あいなさんの リボンの 長さは, 25cmです。ゆいさんの
リボンは, あいなさんの リボンよりも, 3cm5mm 長いそ
うです。ゆいさんの リボンの 長さは どれだけですか。
(しき)　　　　　　　　　　　　　　　　　　　　　　　(10点)

答え (　　　　　　　)

**6** 14cm5mmの 長さの 白い テープが あります。この
テープの はしから 8cm6mmの ところまでを 青く ぬ
ります。白い ところは, どれだけ のこって いますか。
(しき)　　　　　　　　　　　　　　　　　　　　　　　(10点)

答え (　　　　　　　)

**7** まさとさんの へやの たての 長さは, 1mの ものさしで,
3回と 60cm ありました。よこの 長さは, 1mの もの
さしで, 2回と 80cm ありました。どちらが いくら 長
いですか。(10点)
(しき)

答え (　　　　　　) の ほうが (　　　　　) 長い。

答え ▶ べっさつ22ページ

# 16 かさ

**1** ようきに 入って いる 水の かさは, いくらですか。

(1)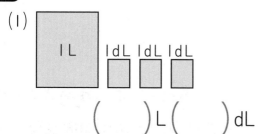

( )L ( )dL

(2)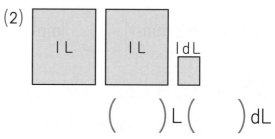

( )L ( )dL

(3)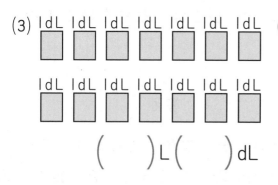

( )L ( )dL

(4)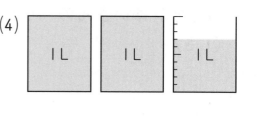

( )dL

**2** □に あてはまる 数を 書きましょう。

(1) 2L=□dL

(2) 3L7dL=□dL

(3) 40dL=□L

(4) 72dL=□L□dL

(5) 6L=□mL

(6) 5000mL=□L

(7) 3dL=□mL

(8) 800mL=□dL

**3** □に あてはまる ＞, ＜を 書きましょう。

(1) 7L □ 6L9dL

(2) 3L8dL □ 40mL

(3) 5L4dL □ 58dL

(4) 4000mL □ 3000mL

(5) 4L1dL □ 4000mL

(6) 1300mL □ 14dL

(7) 500mL □ 6dL

(8) 80dL □ 850mL

**4** かさの 計算を しましょう。

(1)
```
  L dL
  5  8
+ 1  5
------
```

(2)
```
  L dL
  2
+ 3  4
------
```

(3)
```
  L dL
  8  7
+ 5
------
```

(4)
```
  L dL
 26  6
+10  4
------
```

(5)
```
  L dL
  3  7
- 1  4
------
```

(6)
```
  L dL
  7
- 3  6
------
```

(7)
```
  L dL
  8  3
- 5  7
------
```

(8)
```
  L dL
 20  5
- 4  6
------
```

**5** □に あてはまる 数を 書きましょう。

(1) 3dL+7dL= □ dL= □ L

(2) 43dL+8dL= □ dL= □ L □ dL

(3) 1L5dL−300mL= □ dL− □ dL= □ dL

# 16 かさ

| 時間 | 25分 | とく点 |
|---|---|---|
| 合かく | 80点 | 点 |

**1** □に あてはまる 数を 書きましょう。(32点/1つ4点)

(1) 1L+27dL=□dL

(2) 7L3dL+2L7dL=□dL

(3) 16dL+27dL=□L□dL

(4) 800mL+2L=□L□dL

(5) 6L−14dL=□L□dL

(6) 10L−9dL=□dL

(7) 3L−1800mL=□mL

(8) 7L5dL−2050mL=□mL

**2** かさの 大きい ほうから じゅんに ならべましょう。

(24点/1つ8点)

(1) 4L　　38dL　　500mL　　3L9dL

(　　　　　　　　　　　　　　　　　)

(2) 750mL　　70dL　　6L9dL　　7L4dL

(　　　　　　　　　　　　　　　　　)

(3) 132dL　　1L4dL　　1500mL　　2dL30mL

(　　　　　　　　　　　　　　　　　)

**3** 5Lの 牛にゅうが ありました。朝に 5dL のみ, 夕方に 4dL のみました。のこって いる 牛にゅうは 何dLですか。(10点)

(しき)

答え （　　　　　　　　）

**4** やかんには 3000mLの 水が 入って います。ポットには 2L5dLの 水が 入って います。ちがいは 何dLですか。(10点)

(しき)

答え （　　　　　　　　）

**5** ゆあさんが 「わたしは, ジュースを 4dL のんだわ。」と 言いました。弟が 「ぼくは, 800mL のんだよ。」と 言いました。(24点/1つ12点)

(1) 2人の のんだ ジュースの かさは, あわせて 何dLですか。

(しき)

答え （　　　　　　　　）

(2) ジュースは, はじめに 3L ありました。2人が のんだ あと, 何mL のこって いますか。

(しき)

答え （　　　　　　　　）

#  ひょうと グラフ

## 標準クラス

**1** あおいさんたちは わなげを しました。右の ひょうは わなげの 記ろくです。

わなげの 記ろく

| | | | | | | | | | | |
|---|---|---|---|---|---|---|---|---|---|---|
| あおい | ○ | ○ | ○ | × | ○ | × | ○ | × | ○ | ○ |
| さくら | ○ | ○ | × | ○ | × | ○ | × | ○ | × | × |
| たいち | ○ | ○ | ○ | ○ | ○ | ○ | × | ○ | ○ | ○ |
| ゆうと | × | ○ | ○ | × | ○ | ○ | ○ | ○ | × | × |

（○…入った ×…入らなかった）

(1) だれが よく できたか わかる グラフを, 右に かきましょう。（○を つけましょう。）

わなげの 記ろく

| | | |
|---|---|---|
| | | |
| | | |
| | | |
| | | |
| | | |
| | | |
| | | |
| | | |
| | | |
| あおい | さくら | たいち | ゆうと |

(2) 入った 数が いちばん 多かったのは, だれで 何回 入りましたか。

（　　　　　）で（　　　　　　）入った。

(3) 入った 数が いちばん 少なかったのは, だれで 何回 入りましたか。

（　　　　　）で（　　　　　　）入った。

(4) 1回 入ると 10点で, 点を つけました。たいちさんと ゆうとさんは それぞれ 何点ですか。

たいちさん （　　　　　　　　） ゆうとさん （　　　　　　　　）

**2** 学きゅうで, みんなの 生まれた 月を しらべて, ひょうに しました。

たん生月しらべ

| 月 | 4 | 5 | 6 | 7 | 8 | 9 | 10 | 11 | 12 | 1 | 2 | 3 |
|---|---|---|---|---|---|---|---|---|---|---|---|---|
| 人数 | 3 | 2 | 1 | 5 | 3 | 4 | 2 | 4 | 5 | 3 | 1 | 2 |

(1) 上の ひょうを もとに して, ○で あらわす グラフを かきましょう。

たん生月しらべ

|   |   |   |   |   |   |   |   |   |   |   |   |
|---|---|---|---|---|---|---|---|---|---|---|---|
|   |   |   |   |   |   |   |   |   |   |   |   |
|   |   |   |   |   |   |   |   |   |   |   |   |
|   |   |   |   |   |   |   |   |   |   |   |   |
|   |   |   |   |   |   |   |   |   |   |   |   |
| 4月 | 5月 | 6月 | 7月 | 8月 | 9月 | 10月 | 11月 | 12月 | 1月 | 2月 | 3月 |

(2) 生まれた 人が いちばん 多かったのは, 何月と 何月で すか。

(　　　　　　　　　)

✐(3) グラフを 見て, もんだいを つくりましょう。その 答え も 書きましょう。

(もんだい) _____

_____

(答え) _____

# 17 ひょうと グラフ

**1** たいちさんたちは　カルタとりを　しました。下の　ひょう
は　その　ときの　せいせきです。3回　カルタとりを　し
ました。

とった　カルタの　まい数

| | たいち | みさき | そうま | めぐみ | はるか |
|---|---|---|---|---|---|
| 1回目 | 7 | 11 | 8 | 14 | 9 |
| 2回目 | 10 | 7 | 15 | 8 | 9 |
| 3回目 | 14 | 7 | 10 | 12 | 6 |

(1) とった　カルタが　いちばん　多いのは, だれの　何回目で
すか。(10点)

(　　　　　　　　　　)

(2) 1回目と　2回目と　3回目の　カルタの　まい数を　あわせ
て, 多い　じゅんに　下の　ひょうに　書きましょう。(30点)

とった　カルタの　まい数

| 名まえ | | | | | |
|---|---|---|---|---|---|
| まい数 | | | | | |

(3) 3回　あわせて, いちばん　多く　カルタを　とったのは　だ
れで, 何まいですか。(10点)

(　　　　　　　　　　)

**2** ゆうまさんの クラスでは, 5しゅるいの くだものの うち, どれが いちばん すきかを しらべて, ひょうに まとめ ました。

すきな くだものしらべ

| くだもの | いちご | メロン | りんご | バナナ | みかん |
|---|---|---|---|---|---|
| 人数 | 6 | 8 | 7 | 3 | 4 |

(1) すきな くだものしらべの ひょうを 右の グラフに あらわしましょう。 (○を つけましょう。)(30点)

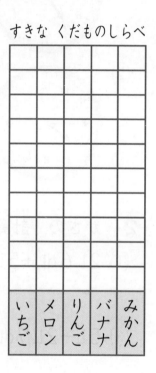

すきな くだものしらべ

(2) すきな くだものの 中で, いちばん 人数が 多い くだものは 何ですか。
(5点)

( )

(3) すきな くだものの 中で, いちばん 人数が 少ないのは 何ですか。(5点)

( )

(4) いちごが すきな 人と みかんが すきな 人では, どちらが 何人 多いですか。(10点)

( )

1 下の 図で，左の 時こくから 右の 時こくまでの 時間
は どれだけですか。(20点/1つ10点)

(1)

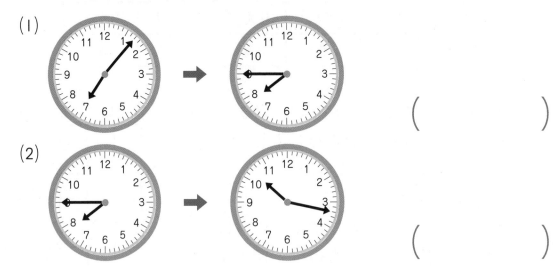

( )

(2)

( )

2 かさの 計算を しましょう。(20点/1つ5点)

(1) 2L6dL+5L9dL

(2) 1L7dL+400mL

(3) 5L−2L7dL

(4) 3L4dL−800mL

3 ゆき子さんは，28cm，あすかさんは，34cmの テープを
もって います。のりしろを 4cmに して 2本の テー
プを つなぎます。テープは ぜんぶで 何cmに なりま
すか。(10点)

(しき)

答え ( )

**4** とも子さんの 組で，1人 1まいずつ どうぶつの 絵を かきました。絵の 数を しらべて，ひょうと グラフに あらわします。

どうぶつの 絵しらべ

| どうぶつ | 犬 | パンダ | コアラ | ね こ | うさぎ |
|---|---|---|---|---|---|
| 数 | 8 |  | 3 | 6 |  |

(1) ひょうと グラフの あいて いる と ころを うめましょう。(ひょう10点・グラフ10点)

(2) いちばん 多く かかれて いる どう ぶつは 何ですか。(10点)

（　　　　　）

どうぶつの 絵しらべ

| 犬 | パンダ | コアラ | ねこ | うさぎ |
|---|---|---|---|---|
| ○ |  |  |  |  |
| ○ |  |  |  | ○ |
| ○ |  |  |  | ○ |
| ○ | ○ |  |  | ○ |
| ○ |  | ○ |  | ○ |
| ○ |  | ○ |  | ○ |
| ○ |  |  |  | ○ |
| ○ | ○ |  |  | ○ |

(3) うさぎの 絵は，パンダの 絵より 何 まい 多いですか。(10点)

（　　　　　）

(4) とも子さんの 組の 人数は みんなで 何人ですか。(10点)

（　　　　　）

チャレンジテスト⑧

答え ▶ べっさつ25ページ

| | | |
|---|---|---|
| 時間 30分 | とく点 | |
| 合かく 80点 | | 点 |

① はるかさんたちは, わなげを しました。下の ひょうは その ときの せいせきです。

わなげで 入った 数

| | はるか | よう子 | ひでき | あきら |
|---|---|---|---|---|
| 1回目 | 5 | 2 | 3 | 5 |
| 2回目 | 2 | 3 | 3 | 4 |

(1) 1回目と 2回目の 入った 数の 合計を 右の グラフに あらわしましょう。(○を つけましょう。)(20点)

わなげで 入った 数

| | | | |
|---|---|---|---|
| | | | |
| | | | |
| | | | |
| | | | |
| | | | |
| | | | |
| | | | |
| | | | |
| | | | |
| はるか | よう子 | ひでき | あきら |

(2) はるかさんの 合計と あきらさんの 合計では, どちらが 何こ 多いですか。(5点)

(　　　　　　　　　)

(3) 1こ 入ると 10点と します。ひできさんの 1回目と 2回目の とく点を あわせると, 何点に なりますか。(10点)

(　　　　　　　)

(4) 1こ 入ると 50点と します。よう子さんの 1回目と 2回目の とく点を あわせると, 何点に なりますか。(10点)

(　　　　　　　)

2 □に あてはまる 数を 書きましょう。(20点/1つ5点)

(1) 2時間＝ □ 分

(2) 2時間45分＝ □ 分

(3) 96分＝ □ 時間 □ 分

(4) 175分＝ □ 時間 □ 分

3 □に あてはまる 数を 書きましょう。(15点/1つ5点)

(1) 3cm＋4cm8mm＝ □ cm □ mm

(2) 2m－35cm＝ □ cm

(3) 10cm3mm－5cm8mm＝ □ cm □ mm

4 牛にゅうが 2L あります。1週間 毎日 2dLずつ のみました。のこりの 牛にゅうは，どれだけですか。(10点)
(しき)

答え (          )

5 パーティーで のむための ジュースを じゅんびして います。1人分は 3dLで，12人分 じゅんびしました。ジュースを 何L何dL じゅんびしましたか。(10点)
(しき)

答え (          )

# 18 三角形と 四角形

標準クラス

**1** 形の 名まえを 書きましょう。

(1)　　　　　　　　(2)　　　　　　　　(3)

(　　　　　　)　(　　　　　　)　(　　　　　　)

**2** 図を 見て 記ごうで 答えましょう。

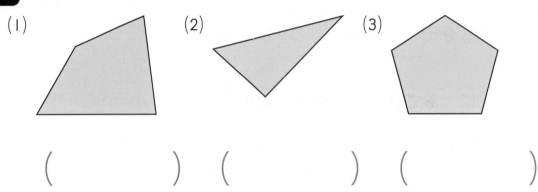

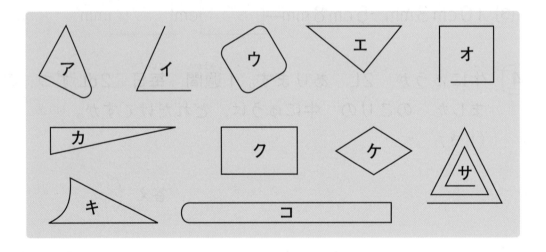

(1) 三角形は どれですか。

(　　　　　　　　)

(2) 四角形は どれですか。

(　　　　　　　　)

**3** つぎの　形は，ちょう点や　へんが　それぞれ　いくつ　ありますか。下の　ひょうに　数を　書きましょう。

(1) 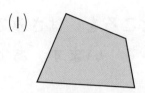　(2) 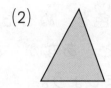　(3)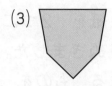

| ちょう点 | (1) | (2) | (3) |
|---|---|---|---|
| へん | (1) | (2) | (3) |

**4** つぎの　形に　直線を　1本　かいて，三角形や　四角形を　つくりましょう。

(1) 三角形を　2つ

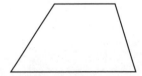

(2) 三角形と　四角形

**5** 下の　図を　見て，記ごうで　答えましょう。

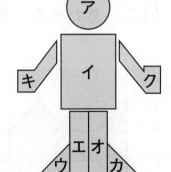

(1) 三角形は　どれですか。

(　　　　　)

(2) 四角形は　どれですか。

(　　　　　)

(3) 三角形でも　四角形でも　ない　形は　どれですか。

(　　　　　)

# 18 三角形と四角形

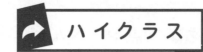

ハイクラス

**1** おり紙を 2つに おり, 色を ぬった ところを はさみで 切りぬきました。広げると あなが あいて います。あてはまる ものを えらびましょう。(18点/1つ6点)

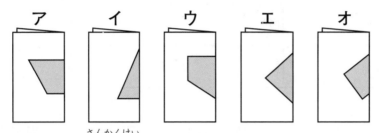

ア　イ　ウ　エ　オ

(1) あなが 三角形に なるもの

（　　　　　　）

(2) あなが 四角形に なるもの

（　　　　　　）

(3) あなが 三角形でも 四角形でも ないもの

（　　　　　　）

**2** つぎの (1)〜(3)は, ⑦の 三角形を 何こ あわせた 形ですか。(18点/1つ6点)

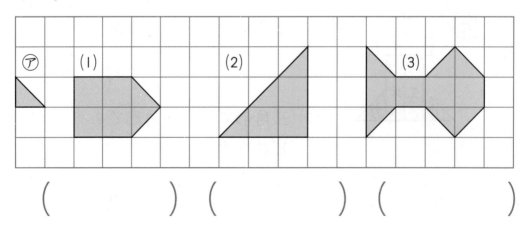

⑦　(1)　(2)　(3)

（　　　　）（　　　　）（　　　　）

**3** 下の 図の 中には, 三角形が ぜんぶで 何こ ありますか。(24点/1つ8点)

(1)　　　　　　　　(2)　　　　　　　　(3)

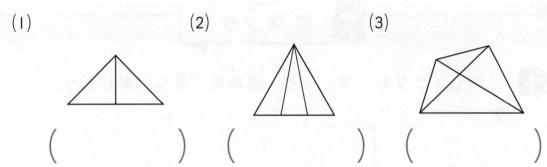

(　　　　　)　(　　　　　)　(　　　　　　　)


**4** つぎの 形に 直線を １本 かいて, 四角形 ２つに 分けましょう。(24点/1つ8点)

(1)　　　　　　　　(2)　　　　　　　　(3)

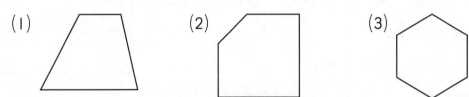


**5** 下の ㋐, ㋑, ㋒, ㋓の 形を 組み合わせて, (1)と (2)の 形を つくりました。どのように つくったのでしょう。(れい)のように 線と 記ごうを かきましょう。(16点/1つ8点)

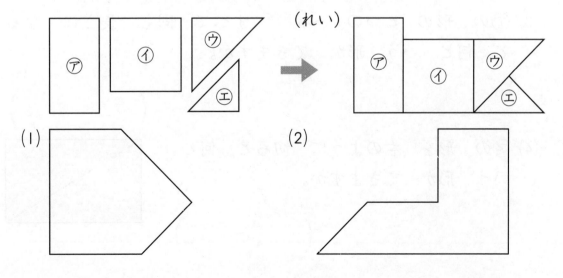

(1)　　　　　　　　(2)

# 19 長方形と 正方形

標準クラス

**1** 三角じょうぎを つかって, 直角を 見つけましょう。

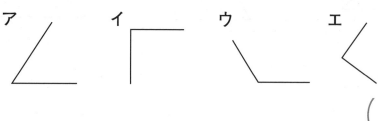

（　　　　　）

**2** 右の 形を 見て, つぎの もんだいに
答えましょう。

(1) 何と いう 形ですか。

（　　　　　　　）

(2) へんの 長さは どうなって いますか。

（　　　　　　　　　　　）

(3) ㋐の 形の 4つの へんが すべて 同じ 長さに なる
と, 何と いう 形が できますか。

（　　　　　　　）

(4) ㋐の 形を 右のように 切ると, 何と
いう 形が できますか。

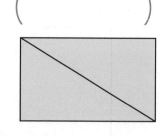

（　　　　　）

**3** 下の　形で，正方形は　どれですか。ぜんぶ　かきましょう。

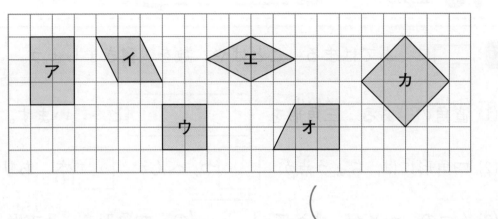

(　　　　　　)

**4** 下の　形で，直角三角形は　どれですか。ぜんぶ　かきましょう。

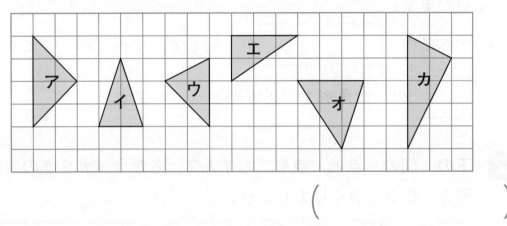

(　　　　　　)

**5** へんの　長さが　つぎのような　形を　かきましょう。

(1) たて　2cm，よこ　5cmの　長方形

(2) 直角を　はさむ　へんが　3cmと　4cmの　直角三角形

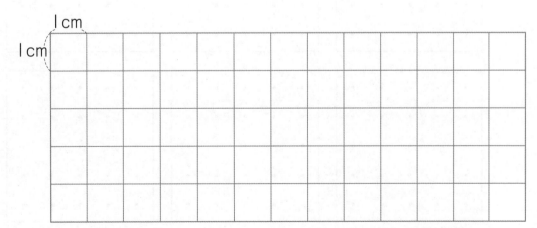

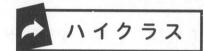

**1** □に あてはまる ことばや 数を 書きましょう。

(24点/1つ6点)

(1) 直角の ある 三角形を [　　　　　] と いいます。

(2) 四角形には, ちょう点が [　] つ, へんが [　] 本 あります。

(3) 4つの かどが すべて [　　　] の 四角形を 長方形と
いいます。

(4) すべての [　　　　　] が 同じで, すべての かどが
[　　　] の 四角形を 正方形と いいます。

**2** 下の 図の 点と 点を むすんで, ちがう 大きさの 正方
形を 6つ つくりましょう。(42点/1つ7点)

**3** 下の 形で，どれと どれを 組み合わせると，長方形や 正方形に なりますか。(14点/1つ7点)

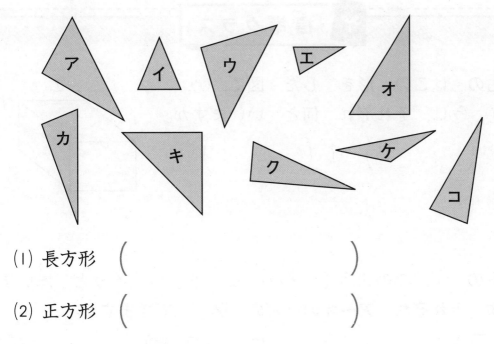

(1) 長方形 $\Big($ $\Big)$

(2) 正方形 $\Big($ $\Big)$

**4** つぎの もんだいに 答えましょう。(20点/1つ10点)

(1) 1つの へんの 長さが 6cmの 正方形が あります。
その 正方形の まわりの 長さは 何cmですか。
(しき)

答え $\Big($ $\Big)$

(2) (1)の 正方形を 2つ ならべて 長方形を つくります。
まわりの 長さは 何cmに なるか せつめいを しましょう。

_____

_____

_____

# 20 はこの 形

**標準クラス**

**1** 右の はこの 形を した 図で, ⑦, ⑦, ⑦は, それぞれ 何と いいますか。

⑦ (　　　　) ⑦ (　　　　)

⑦ (　　　　)

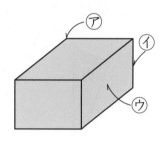

**2** 下の (1), (2)のような 形の はこを つくろうと 思います。それぞれ ア〜オの どの 図で できますか。

(1)  (　　　)　(2)  (　　　)

ア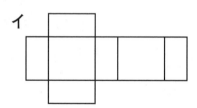

イ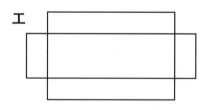

ウ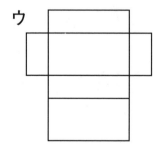

エ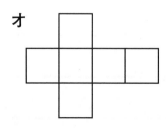

オ

**3** 下の 形は どんな 面が いくつ ありますか。

(1)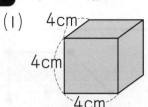

（　　　）cm と（　　　）cmの 面…（　　　）つ

(2)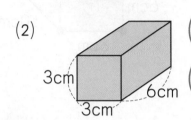

（　　　）cm と（　　　）cmの 面…（　　　）つ

（　　　）cm と（　　　）cmの 面…（　　　）つ

**4** (1)〜(3)の 図を 見て，下の ひょうに あてはまる 数を 書きましょう。

(1) 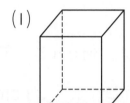　(2) 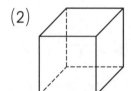　(3)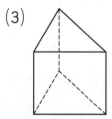

|   | ちょう点 | へ　ん | 面 |
|---|---|---|---|
| (1) |   |   |   |
| (2) |   |   |   |
| (3) |   |   |   |

**5** さいころの 形を した つみ木を つみました。
それぞれ つみ木を 何こ つかいましたか。

(1) 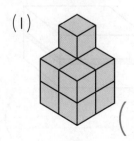　（　　　　　）

(2) 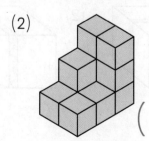　（　　　　　）

# 20 はこの 形  ハイクラス

**1** 右の はこは, ひごと ねん土玉と いたを つかって つくった もの です。(25点/1つ5点)

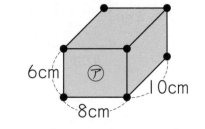

(1) ねん土玉は いくつ ありますか。

（　　　　　）

(2) 6cmの ひごは 何本 ありますか。　（　　　　　）

(3) 8cmと 10cmの いたは, いくつ ありますか。

（　　　　　）

(4) ㋐の いたと むかいあって いる いたは, 何cmと 何cmの 大きさですか。　（　　　）cmと （　　　）cm

(5) 同じ 形の いたは いくつずつ ありますか。

（　　　　　）

**2** 右のような はこに テープを ぐるりと 1しゅう まきつけます。それぞれ テープは 何cm いりますか。(30点/1つ10点)

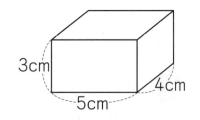

(1)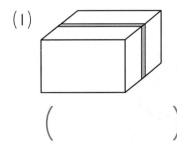

（　　　　　）

(2)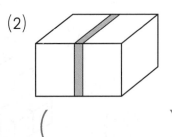

（　　　　　）

(3)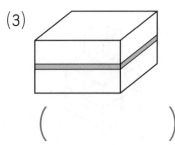

（　　　　　）

**3** 下の ひらいた 図で, さいころの 形が できる ものを
5つ えらびましょう。(25点/1つ5点)

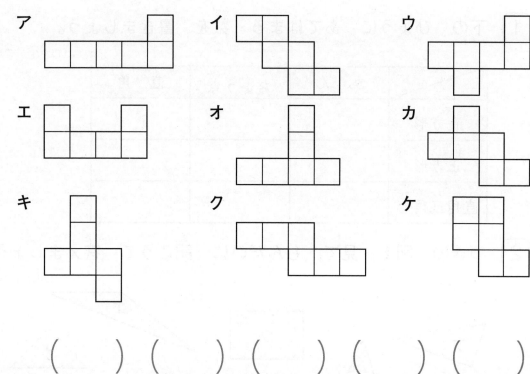

ア　イ　ウ

エ　オ　カ

キ　ク　ケ

( 　 ) ( 　 ) ( 　 ) ( 　 ) ( 　 )

**4** どの 形を ひらいた ものですか。線で むすびましょう。

(20点/1つ5点)

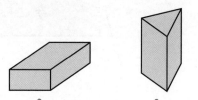 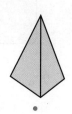 

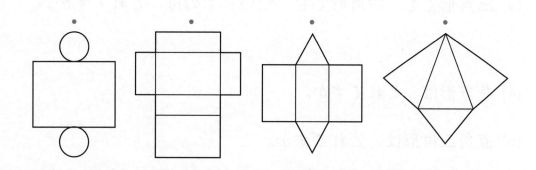

# チャレンジテスト⑨

1　下の　ひょうに　あてはまる　数を　書きましょう。

(45点/□1つ5点)

| | へ　ん | ちょう点 | 直　角 |
|---|---|---|---|
| 長方形 | | | |
| 正方形 | | | |
| 直角三角形 | | | |

2　つぎの　図を　見て，もんだいに　記ごうで　答えましょう。

(20点/1つ4点)

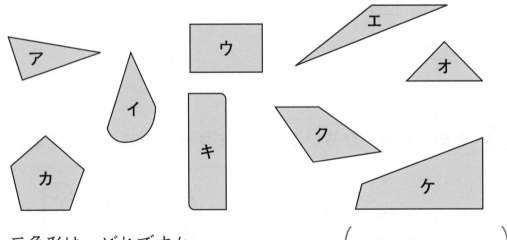

(1) 三角形は　どれですか。　　　　　　（　　　　　　）

(2) 四角形は　どれですか。　　　　　　（　　　　　　）

(3) 三角形でも　四角形でも　ない　ものは　どれですか。

（　　　　　　）

(4) 長方形は　どれですか。　　　　　　（　　　　　　）

(5) 直角三角形は　どれですか。　　　　（　　　　　　）

3 へんの 長さが つぎのような 形を かきましょう。

(24点/1つ8点)

(1) たて 4cm, よこ 2cmの 長方形
(2) 1つの へんの 長さが 3cmの 正方形
(3) 直角を はさむ へんが 5cmと 3cmの 直角三角形

(1)　　　　　　　　　(2)　　　　　　　　　(3)

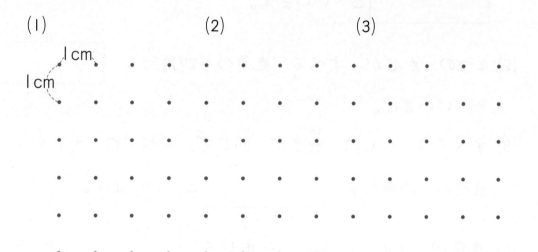

4 ひごと ねん土玉を つかって, 右の
ような 形を つくります。

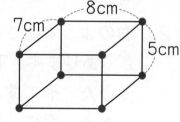

(1) 何cmの ひごが 何本 いりますか。
すべて 答えましょう。(5点)

( 　 )cmのひご( 　 )本, ( 　 )cmのひご( 　 )本,
( 　 )cmのひご( 　 )本

(2) ねん土玉は いくつ いりますか。(3点)

( 　 )

(3) 7cmと 5cmの 長方形は いくつ できますか。(3点)

( 　 )

チャレンジテスト⑩

1 ◯に あてはまる ことばを 書きましょう。(20点/1つ5点)

(1) ちょう点が 3つ, へんが 3つ ある 形を

◯ と いいます。

(2) 4つの かどが すべて 直角の 四角形を ◯

と いいます。

(3) すべての へんの 長さが 同じで, すべての かどが

直角の 四角形を ◯ と いいます。

(4) 直角の かどが ある 三角形を ◯ と いい

ます。

2 右のような, さいころの 形を した はこ
が あります。下の 図は, この はこを ひ
らいた 形です。色の ついた 面と むか
いあう 面に, ◯の しるしを つけましょ
う。(20点/1つ5点)

(1)

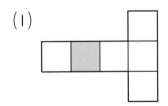

(2)

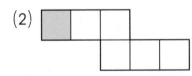

(3)

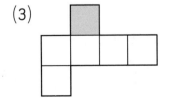

(4)

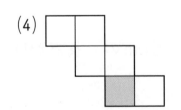

3 3cm□5cm の 長方形を ならべました。下の 図の まわり
(太い線)の 長さは, 何cmですか。(20点/1つ10点)

(1)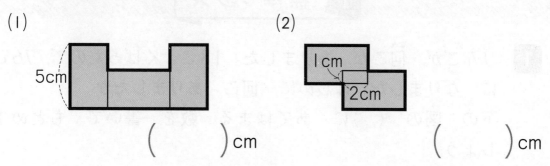

5cm

(2)

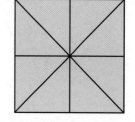

1cm
2cm

(     )cm            (     )cm

4 右の 図の 中に, 直角三角形と 正方形
は, それぞれ 何こ ありますか。

(20点/1つ10点)

(1) 直角三角形 (              )

(2) 正方形 (              )

5 正方形を, 右のように 分けました。
㋐〜㋓を つかって, 下の 長方形と, 直
角三角形を つくりました。㋐〜㋓は, ど
こに おきましたか。図に 線を ひいて,
㋐〜㋓を 書きましょう。(20点/1つ10点)

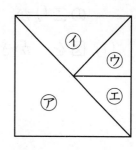

(1)

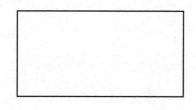

(2)

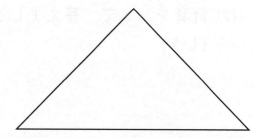

# 21 いろいろな もんだい ①

標準クラス

**1** りんごが 何こか ありました。18こ くばったので, 76こ に なりました。はじめに 何こ ありましたか。
下の 図の （ ）に あてはまる 数を 書いて もとめま しょう。

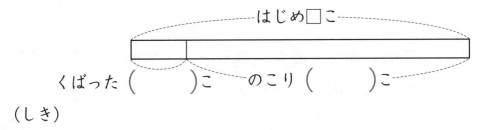

はじめ□こ

くばった（　　　）こ　　　のこり（　　　）こ

（しき）

答え（　　　　　　　）

**2** シールが 69まい ありました。何まいか つかったので, のこりが 19まいに なりました。何まい つかいましたか。

(1) 図を かきましょう。

(2) 計算を して 答えましょう。
（しき）

答え（　　　　　　　）

**3** うんどうじょうに 子どもが 何人か いました。36人が 教室に もどったので, 27人に なりました。はじめに 何人 いましたか。

(1) 図を かきましょう。

(2) 計算を して 答えましょう。

(しき)

答え ( 　　　　　　)

**4** 下の 図を 見て, もんだいを つくりましょう。その 答えも 書きましょう。( )に あてはまる たんいも 書きましょう。

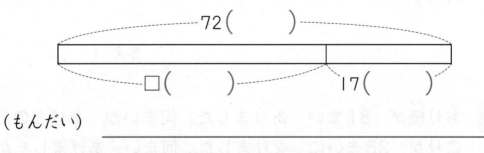

(もんだい)

_____

_____

_____

答え ( 　　　　　　)

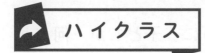
**1** チョコレートが 何こか ありました。19こ 食べたので，37こに なりました。はじめに 何こ ありましたか。(14点)

（しき）

答え（　　　　　　）

**2** ちゅう車場に 車が 76台 ありました。何台か 出ていったので，のこりが 29台に なりました。何台 出ていきましたか。(14点)

（しき）

答え（　　　　　　）

**3** かずやさんは 本を 読んで います。64ページ 読んだので，のこりが 97ページに なりました。この本は 何ページ ありますか。(14点)

（しき）

答え（　　　　　　）

**4** おり紙が 81まい ありました。何まいか あげたので，のこりが 38まいに なりました。何まい あげましたか。

(14点)

（しき）

答え（　　　　　　）

**5** みかんが 何こか ありました。 きのう 18こ 食べ，
今日 26こ 食べたので，のこりが 65こに なりました。
はじめに 何こ ありましたか。(14点)
(しき)

答え ( 　　　　　　　 )

**6** 2000円を もって 買いものに 行きました。はじめに 本
を 1さつ 買い，つぎに 160円の ジュースを 買った
ので，のこりが 270円に なりました。本の ねだんは
何円ですか。(15点)
(しき)

答え ( 　　　　　　　 )

**7** さんすうの テストを しました。さくらさんの とく点は
だいとさんより 7点 高く，みずきさんの とく点は さく
らさんより 19点 ひくいです。だいとさんの とく点と
みずきさんの とく点の ちがいは 何点ですか。(15点)
(しき)

答え ( 　　　　　　　 )

# 22 いろいろな もんだい ②

**1** みかんが 7こ あります。りんごは みかんの 8ばいの 数が あります。りんごは 何こ ありますか。

（しき）

答え（　　　　　　　）

**2** おり紙を, かいとさんは 54まい, あやさんは 38まい もって います。2人が もって いる おり紙の まい数の ちがいは 何まいですか。

（しき）

答え（　　　　　　　）

**3** えんぴつが 35本 ありました。19本 つかった あと, 48本 買いました。えんぴつは 何本に なりましたか。

（しき）

答え（　　　　　　　）

**4** ペットボトルに 水が 3L 入って います。1L 800mL のむと, のこりは 何L何mLに なりますか。

（しき）

答え（　　　　　　　）

**5** ふくろの 中に おはじきが 40こ あります。3人の 子どもが その ふくろに おはじきを 7こずつ 入れました。ふくろの 中の おはじきは ぜんぶで 何こに なりましたか。

(しき)

答え (　　　　　　　)

**6** さとうが 大きい ふくろに 1kg300g, 小さい ふくろに 800g はいって います。さとうは ぜんぶで 何g ありますか。

(しき)

答え (　　　　　　　)

**7** 水そうに 水が 37L はいって います。この 水そうから, バケツで 水を 4Lずつ 5回 くみ出しました。水そうに のこった 水は 何Lですか。

(しき)

答え (　　　　　　　)

**8** リボンが 4m36cm ありました。何cmか 切りとったので, のこりが 124cmに なりました。切りとったのは 何cmですか。

(しき)

答え (　　　　　　　)

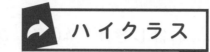
**1** クッキーが 97まい ありました。1日に 7まいずつ 6日 食べると, のこりは 何まいに なりますか。(16点)

(しき)

答え (　　　　　　　)

**2** えんぴつが 8本 あります。ボールペンの 数は えんぴつの 数の 6ばいで, 赤えんぴつの 数は ボールペンの 数より 37本 少ないです。赤えんぴつは 何本 ありますか。

(16点)

(しき)

答え (　　　　　　　)

**3** お茶が 2L はいった ペットボトルが 4本 あります。3L700mL のむと, のこりは 何L何mLに なりますか。

(17点)

(しき)

答え (　　　　　　　)

**4** ロープが 何cmか ありました。275cm 切りとり, さらに 1m65cm 切りとると, のこりは 3m15cmに なりました。ロープは はじめに 何cm ありましたか。(17点)

(しき)

答え (　　　　　　　　)

**5** ちゅう車場に 車が 何台か とまって いました。4台 出て いった あと, 出た 数の 4ばいの 数の 車が はいって きたので, とまって いる 車の 数は 96台に なりました。はじめに 何台の 車が とまって いましたか。

(17点)

(しき)

答え (　　　　　　　　)

**6** ひとみさんは けしゴムを 9こ もって います。お姉さんは ひとみさんの 4ばいの 数の けしゴムを もって います。2人が もって いる けしゴムの 数の ちがいは 何こですか。(17点)

(しき)

答え (　　　　　　　　)

# 23 いろいろな もんだい ③

**標準クラス**

**1** はたが 6本 まっすぐな 道に 8mおきに たって います。はたの はしから はしまで 何m ありますか。

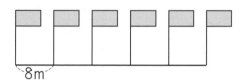

(          )

**2** 池の まわりに くいを 9本, 7mおきに うちました。池の まわりの 長さは 何mですか。

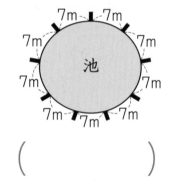

(          )

**3** ある 店で あめを 2こと ガムを 4こ 買うと 48円で, あめを 2こと ガムを 5こ 買うと 57円です。ガム 1この ねだんは 何円ですか。

(          )

**4** ひとみさんと たかしさんが 同じ 場しょに います。

(1) この 場しょから ひとみさんは
左へ 12m, たかしさんは 右へ
34m すすむと, 2人は 何m
はなれますか。

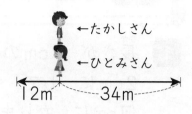

(　　　　　)

(2) この 場しょから ひとみさんは 左へ
12m, たかしさんは 左へ 34m す
すむと, 2人は 何m はなれますか。

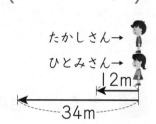

(　　　　　)

**5** 2つの 数が あります。大きい 数から 小さい 数を
ひくと 13で, 2つの 数を たすと 47に なります。小
さい ほうの 数は いくつですか。
下の 図の (　) に あてはまる 数を 書いて もとめま
しょう。

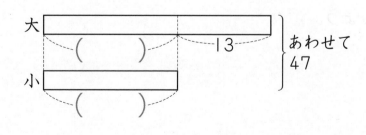

(　　　　　)

# 23 いろいろな もんだい ③ 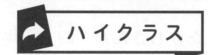 ハイクラス

**1** 長さが 9cmの テープを 7本 つなぎます。つなぎ目を 2cmに して つなぐと, テープの ぜんたいの 長さは 何cmに なりますか。(13点)

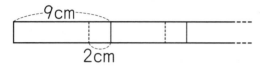

(          )

**2** まるい 池の まわりに 木が 8本 たって います。木 と 木の あいだに くいを 4本ずつ うちます。くいは 何本 ひつようですか。(13点)

(          )

**3** 2つの 数が あります。大きい 数から 小さい 数を ひくと 26で, 2つの 数を たすと 84に なります。大 きい ほうの 数は いくつですか。図を かいて もとめ ましょう。(14点)

(          )

**4** 赤色の　おり紙を　1まいと　金色の　おり紙を　7まい　買うと　53円で，赤色の　おり紙を　1まいと　金色の　おり紙を　8まい　買うと　60円です。(30点/1つ15点)

(1) 金色の　おり紙の　ねだんは　何円ですか。

（　　　　　　）

(2) 赤色の　おり紙の　ねだんは　何円ですか。

（　　　　　　）

**5** みさきさんと　たかしさんが　同じ　場しょに　います。

(30点/1つ15点)

(1) この　場しょから　みさきさんは　左へ　28m，たかしさんは　右へ　49m　すすむと，2人は　何m　はなれますか。

（　　　　　　）

(2) この　場しょから　みさきさんは　右へ　45m，たかしさんも　右へ　36m　すすむと，2人は　何m　はなれますか。

（　　　　　　）

# 24 いろいろな もんだい ④

標準クラス

**1** つぎのように 数字が ならんで います。

1, 8, 15, 22, 29, …

(1) 数字は いくつずつ ふえて いますか。

( 　　　　 )

(2) 8番目の 数字は いくつですか。

( 　　　　 )

**2** 下の 図のように タイルを ならべます。

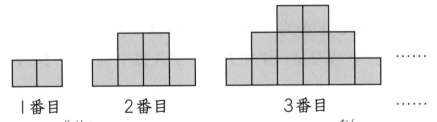

　1番目　　　　2番目　　　　　3番目　　　……

(1) 4番目の 図形を つくるのに タイルは 何まい つかいますか。

( 　　　　 )

(2) 10番目の 図形を つくるのに タイルは 何まい つかいますか。

( 　　　　 )

**3** 右の　図のように，マッチぼうを　ならべて　三角形を<ruby>三角形<rt>さんかくけい</rt></ruby>を　つくります。 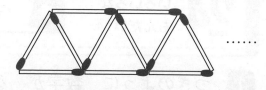 ……

(1) 三角形を　1こ　ふやすのに，マッチぼうは　何本　ひつようですか。

（　　　　　　　）

(2) 三角形を　8こ　つくるのに　マッチぼうは　何本　ひつようですか。

（　　　　　　　）

**4** 右の　図のように，三角形を　1だん目に　1こ，2だん目に　3こ，…と　ならべて　それぞれの　だんの　左から　じゅんに　数字を　書<rt>か</rt>きます。

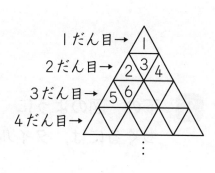

(1) 4だん目の　いちばん　右の　数字は　いくつですか。

（　　　　　　　）

(2) 8だん目の　いちばん　右の　数字は　いくつですか。

（　　　　　　　）

# 24 いろいろな もんだい ④

**ハイクラス**

**1** つぎのように 数字が ならんで います。12番目の 数字は いくつですか。(14点)

7, 13, 19, 25, 31, …

(                    )

**2** つぎのように 数字が ならんで います。15番目の 数字は いくつですか。(14点)

200, 194, 188, 182, 176, …

(                    )

**3** 下の 図のように タイルを ならべます。7番目の 図形をつくるには, タイルは 何まい ひつようですか。(14点)

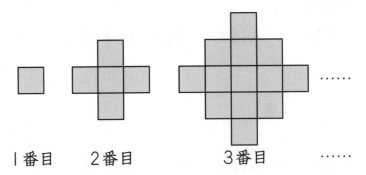

1番目　　2番目　　　　3番目　　……

(                    )

**4** 右の 図のように，マッチぼう
を ならべて 正方形を つく
ります。(28点/1つ14点)

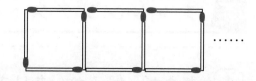

(1) 正方形を 7こ つくるには マッチぼうは 何本 ひつよ
うですか。

( )

(2) 正方形を 12こ つくるには マッチぼうは 何本 ひつよ
うですか。

( )

**5** 右のように ます目に 数字を
書きます。(30点/1つ15点)

(1) 6行目の 1れつ目に はいる
数は いくつですか。

|  | 1れつ目 | 2れつ目 | 3れつ目 | 4れつ目 | 5れつ目 | 6れつ目 | 7れつ目 | … |
|---|---|---|---|---|---|---|---|---|
| 1行目 | 1 | 2 | 5 | 10 |  |  |  | |
| 2行目 | 4 | 3 | 6 | 11 |  |  |  | |
| 3行目 | 9 | 8 | 7 |  |  |  |  | … |
| 4行目 |  |  |  |  |  |  |  | |
| 5行目 |  |  |  |  |  |  |  | |
| 6行目 |  |  |  |  |  |  |  | |
| 7行目 |  |  |  |  |  |  |  | |
| ⋮ |  |  |  |  |  | ⋮ |  | |

( )

(2) 2行目の 8れつ目に はいる 数は いくつですか。

( )

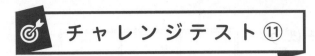 

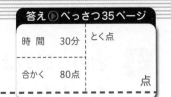
答え ▶ べっさつ35ページ

| 時 間 | 30分 | とく点 |
| --- | --- | --- |
| 合かく | 80点 | 点 |

**1** あめが 何こか ありました。23こ くばったので, 45こ に なりました。(12点/1つ4点)

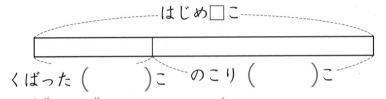

はじめ□こ

くばった （　　　）こ　　のこり （　　　）こ

(1) くばった 数を 図の （　）に 書きましょう。

(2) のこりの 数を 図の （　）に 書きましょう。

(3) はじめに 何こ ありましたか。

（しき）

答え （　　　　　　　）

**2** おり紙が 73まい ありました。何まいか つかったので, のこりが 24まいに なりました。何まい つかいましたか。

(12点)

（しき）

答え （　　　　　　　）

**3** バスに 何人か のって います。12人 おりたので, 19 人に なりました。はじめに 何人 のって いましたか。

(12点)

（しき）

答え （　　　　　　　）

4 ガムが 6こ あります。キャラメルは ガムの 4ばいの 数が あります。キャラメルは 何こ ありますか。(16点)
(しき)

答え（　　　　　　　　）

5 おこづかいが 400円 あります。120円の ペンを 買った あと，お母さんから おこづかいを 300円 もらいました。おこづかいは いくらに なりましたか。(16点)
(しき)

答え（　　　　　　　　）

6 ふくろの 中に カードが 48まい あります。3人に 4 まいずつ あげると，カードは 何まいに なりますか。(16点)
(しき)

答え（　　　　　　　　）

7 色えんぴつが 7本 あります。えんぴつの 数は 色えん ぴつの 数の 3ばいより 5本 少ないです。えんぴつは， 何本 ありますか。(16点)
(しき)

答え（　　　　　　　　）

# チャレンジテスト⑫

1 ちゅう車場に 車が 何台か とまって いました。7台 出た あと, 12台 入って きたので, 車の 数は 43台に なりました。はじめに 何台の 車が とまって いましたか。
(12点)

(しき)

答え (　　　　　　)

2 みさきさんは おはじきを 何こか もって います。たくやさんは みさきさんより 8こ 多く もって いて, はるかさんは みさきさんより 6こ 少ないです。たくやさんと はるかさんの もって いる おはじきの 数は いくつ ちがいますか。(12点)
(しき)

答え (　　　　　　)

3 ガムが 6こ あります。あめの 数は ガムの 数の 7ばいより 4こ 少なく, チョコレートの 数は あめの 数より 24こ 少ないです。チョコレートは 何こ ありますか。
(12点)

(しき)

答え (　　　　　　)

4 つぎのように 数が ならんで います。10番目の 数は いくつですか。(14点)
2, 8, 14, 20, 26, …

(　　　　　　)

⑤ 2本の 木の 間に 花を 6mおきに 8本 うえる こと が できました。2本の 木の 間は 何mですか。(15点)

6m　6m

(　　　　　　　)

⑥ かずきさんと ゆいさんは 同じ 場しょに います。かずきさんは 左に 35m, ゆいさんは 右に 42m すすむと, 2人は 何m はなれますか。(15点)

(　　　　　　　)

⑦ 下の 図のように, マッチぼうを ならべて 三角形の 図形を つくります。7番目の 図形を つくるのに マッチぼうは 何本 ひつようですか。(20点)

1番目　　2番目　　　3番目

(　　　　　　　)

| 時 間 | 25分 | とく点 |
|---|---|---|
| 合かく | 80点 | 点 |

🏁 **そうしあげテスト①**

**1** たし算を しましょう。(28点/1つ2点)

(1) 23+46　　(2) 37+19　　(3) 84+92

(4) 57+64　　(5) 95+78　　(6) 300+400

(7)　　64
　　+12

(8)　　35
　　+94

(9)　228
　　+ 36

(10)　　57
　　+413

(11)　698
　　+　5

(12)　263
　　+126

(13)　786
　　+475

(14)　3395
　　+5615

**2** ひき算を しましょう。(28点/1つ2点)

(1) 43−21　　(2) 64−19　　(3) 70−28

(4) 124−53　　(5) 114−68　　(6) 500−200

(7)　　76
　　−34

(8)　　87
　　−29

(9)　112
　　− 58

(10)　102
　　−　6

(11)　327
　　−185

(12)　605
　　−136

(13)　1535
　　− 948

(14)　4234
　　−2695

③ 時こくを 答えましょう。（15点/1つ5点）

(1)

から 20分 たった 時こく

（　　　　　　　）

(2)

から 30分前の 時こく

（　　　　　　　）

(3)

から 1時間20分 たった 時こく

（　　　　　　　）

④ つぎの 形から，下の なかまを えらびましょう。

（14点/1つ7点）

ア　イ　ウ　エ　オ　カ

キ　ク　ケ

(1) 三角形の なかま （　　　　　　　）

(2) 四角形の なかま （　　　　　　　）

⑤ □に あてはまる 数を 書きましょう。（15点/1つ5点）

(1) 813は，100を 8こと 1を □こ あわせた 数です。

(2) 100が 3こと，10が 12こと，1が 5こで，□です。

(3) 1000が 2こと 10が 24こで，□です。

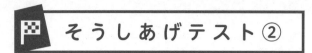

答え ▶ べっさつ37ページ

| 時間 | 25分 | とく点 |
|---|---|---|
| 合かく | 80点 | 点 |

**1** かけ算を しましょう。（12点/1つ1点）

(1) 7×9　　　　(2) 9×6　　　　(3) 3×7

(4) 4×6　　　　(5) 8×9　　　　(6) 7×4

(7) 9×7　　　　(8) 6×8　　　　(9) 5×8

(10) 8×3　　　　(11) 7×7　　　　(12) 9×9

**2** 計算を しましょう。（12点/1つ4点）

(1) 96−(18+33)　　　　(2) 37+(23−18)

(3) 112−(36−24)

**3** 計算を して，□に 数を 書きましょう。（24点/1つ4点）

(1) 30 mm＋6 cm 2 mm＝ □ cm □ mm

(2) 15 cm 5 mm−5 cm＝ □ cm □ mm

(3) 1 m 6 cm＋95 cm＝ □ m □ cm

(4) 470 cm−1 m 50 cm＝ □ m □ cm

(5) 4000＋1000＝ □

(6) 7000−5000＝ □

④ くりひろいで, くみ子さんは 49こ, あき子さんは 67こ ひろいました。(20点/1つ10点)

(1) 2人 あわせて 何こ ひろいましたか。
（しき）

答え（          ）

(2) 2人の ひろった 数は, 何こ ちがいますか。
（しき）

答え（          ）

⑤ よしえさんは, 1m30cmの リボンを もって います。そのうち, 45cm つかいました。何cmの リボンが のこって いますか。(10点)
（しき）

答え（          ）

⑥ 赤の ビー玉が 6こずつ, 8ふくろ あります。青の ビー玉が 5こずつ, 7ふくろ あります。赤と 青の ビー玉は あわせて 何こ ありますか。(10点)
（しき）

答え（          ）

⑦ よしおさんは, シールを お兄さんから 27まい, お姉さんから 13まい もらったので, 102まいに なりました。はじめ, よしおさんは 何まい シールを もって いましたか。(12点)
（しき）

答え（          ）

## そうしあげテスト③

| 時 間 | 40分 | とく点 | |
|---|---|---|---|
| 合かく | 80点 | | 点 |

1 □に あてはまる 数を 書きましょう。(16点/1つ2点)

(1) 32+□=83

(2) □+18=47

(3) 84+□=131

(4) □+129=413

(5) 65-□=41

(6) □-17=26

(7) 104-□=85

(8) □-267=179

2 □に あてはまる 数を 書きましょう。(16点/1つ2点)

(1) 3時間=□分

(2) 2時間45分=□分

(3) 76分=□時間□分

(4) 7L8dL=□dL

(5) 1L5dL=□mL

(6) □dL=800mL

(7) 6m34cm=□cm

(8) 108mm=□cm□mm

3 8, 2, 5, 7, 0 の 5まいの カードの うち, 4まいを つかって 4けたの 数字を つくります。(9点/1つ3点)

(1) いちばん 大きい 数は いくつですか。 (　　　　　)

(2) いちばん 小さい 数は いくつですか。 (　　　　　)

(3) 6000に いちばん 近い 数は いくつですか。

(　　　　　)

4 点と 点を むすんで, 大きさの ちがう 正方形を 5つ かきましょう。(5点/1つ1点)

5 点と 点を むすんで, ちがう 直角三角形を 4つ かきましょう。(4点/1つ1点)

6 0から 10までの 数の うち, □に あてはまる ものを, すべて 書きましょう。(12点/1つ3点)

(1) 3+2>□    (                    )

(2) 5+□<4+7    (                    )

(3) 12−6<□    (                    )

(4) 21−13<1+□    (                    )

7 りんごが 6こずつ 入った ふくろが, 7ふくろ あります。りんごを 1人に 1こずつ くばったら, りんごが 3こ あまりました。何人に りんごを くばりましたか。(7点)
(しき)

答え (                    )

**8** ひごと ねん土玉を つかって，右のよ
うな 形を つくります。(9点/1つ3点)

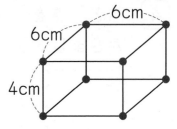

(1) 何cmの ひごが 何本 いりますか。
すべて 答えましょう。

( 　　 cmの ひご 　 本, 　　 cmの ひご 　 本)

(2) ねん土玉は いくつ いりますか。

( 　　　　　　 )

(3) 4cmと 6cmの 長方形は いくつ できますか。

( 　　　　　　 )

**9** 計算を しましょう。(12点/1つ3点)

(1) 1時間35分+16分= ☐ 時間 ☐ 分

(2) 3時間24分+1時間48分= ☐ 時間 ☐ 分

(3) 2L8dL+400mL= ☐ L ☐ dL

(4) 800mL+35dL= ☐ L ☐ dL

**10** たかしさんの 水とうには，2dLの コップで 4はい分の
水が 入ります。ひろしさんの 水とうには 3dLの コッ
プで 3ばい分の 水が 入ります。どちらの 水とうが 何
dL 多く 入りますか。(10点)

（しき）

答え ( 　　　　　　　　　　　　　　 )

小2

# ハイクラステスト

# 算数

## 答え

### おうちの方へ

この解答編では，おうちの方向けに問題の答えや
学習のポイント，注意点などを載せています。答え
合わせのほかに，問題に取り組むお子さまへの説明
やアドバイスの参考としてお使いください。本書を
活用していただくことでお子さまの学習意欲を高め，
より理解が深まることを願っています。

# 1 1000までの 数（かず）

p.2〜5

## 標準クラス

**1** (1)704 (2)630 (3)310 (4)519

**2** (1)791, 763, 739, 733
(2)210, 201, 120, 102

**3** (1)300 (2)999 (3)380

**4** (1)< (2)< (3)> (4)<

**5** (1)317, 320 (2)600, 500
(3)260, 280

**6** 753→735→573→537→375→357

**7** (1)64 (2)6, 4, 0

## ハイクラス

**1** (1)八百三 (2)二百九十 (3)九百十五
(4)五百四十七

**2** (1)680 (2)720 (3)590 (4)800
(5)600 (6)10 (7)63

**3** (1)㋐880 ㋑940
(2)㋐250 ㋑550

**4** (1)< (2)> (3)> (4)<

**5** (1)8, 9 (2)0, 1
(3)8, 9 (4)0, 1, 2

## 指導のポイント

**1** 漢数字で書いてある百，十は，位を表していることを理解することが大切です。

**わからなければ** 右のような位取りの表をつくって，(1)の七百四では，百の位に7，十の位に0，一の位に4と考えさせます。声を出しながら位取りの表に書くようにすると，考えやすくなります。

| 百のくらい | 十のくらい | 一のくらい |
|---|---|---|
| 7 | 0 | 4 |

**2** いちばん大きい位から順に，同じ位どうしで比べることが大切です。同じ位の数が同数のときは，１つ下の位で比べます。

**わからなければ** **1**で取り上げた「位取りの表」に，おはじきなどを置きながらかぞえると，わかりやすくなります。

**3** 何がいくつあるのか，百や十の束で考えられることが大切です。

**4** いちばん大きい位から順に，同じ位どうしで比べます。百の位が同数のときは，十の位で比べます。2つの数の大小関係を，>や<を用いて表します。㊅>㊈

**5** わかっている数の連続しているところに着目して，いくつとびに数が並んでいるか考えさせます。(3)では，１つとびでどのように並んでいるかを考えます。

**わからなければ** (2)では，問題の数の並び方を，逆並びにとらえて，小さいほうから読ませてみましょう。

**6** 大きい数をつくるには，上の位から大きな数を並べていきます。

**7** (1)は，10が10個で100になることを理解させることが大切です。(2)では，位取りの表に640と数字を書いて考えるとわかります。

**1** 数字を読んで漢数字で書きます。数字を読んだとおり，一つずつ漢字で表すことが大切です。0に気をつけて書きます。

**わからなければ** 位取りの表に数字を入れて，百の位から１つずつ声に出して読み，そのとおりに書くとよいでしょう。

**2** (1) 位取りの表に，数字を書いて考えさせます。

**わからなければ** 位取りの表に，数字の数ずつおはじきなどを置いてから数字に置き換えさせましょう。

(2) 10が10個で100になることを，理解していなければいけません。

**わからなければ** 10が10個で100，10が20個で200というように，順にかぞえるようにして考えさせましょう。

(4)〜(7) 位取りの表に，数字を書いて考えさせます。

**わからなければ** 具体的なもの（お金など）を用いてとらえさせましょう。

**3** 数直線では，わかっている目盛りの大きさから，１目盛りの大きさを見つけることが大切です。

**わからなければ** (1)は１目盛りが10，(2)は１目盛りが50になっていることをアドバイスしましょう。

**4** 式で表されている数は，答えを求めてから，大きさを比べます。大きさを比べるときは，いちばん大きい位から順に比べます。

**5** □にあてはまる数を選んで全部書きます。

**わからなければ** まずは，□に，比べる数の同じ位と同じ数を入れてみましょう。(1)では□に7をあてはめると，476=476 となるので，7はあてはまりません。

p.6～9

## ▼ 標準クラス

**1** (1)99 (2)98 (3)69 (4)77
(5)51 (6)73 (7)83 (8)101
(9)139 (10)115 (11)131 (12)140

**2** (1)　 36　　(2)　 47
　　 ＋　5　　　 ＋36
　　　 41　　　　 83

**3**
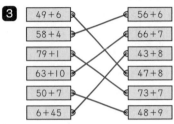

**4** (しき)29+24=53
(答え)53本

**5** (しき)18+23=41
(答え)41人

## ➡ ハイクラス

**1** (1)　 13　 (2)　 4⑨　 (3)　⑥4
　　 ＋5⑨　　 ＋16　　 ＋27
　　　⑦2　　　⑥5　　　 9①

(4)　⑦7　 (5)　 7②　 (6)　⑤8
　 ＋3⑨　　 ＋⑨2　　 ＋5②
　　 76　　 164　　 110

**2** (1)70 (2)62 (3)72 (4)93
(5)71 (6)96 (7)94 (8)99
(9)134 (10)162 (11)145 (12)157

**3** (しき)36+18=54　54+36=90
(答え)90まい

**4** (しき)45+35+20=100
(答え)100ページ

**5** (しき)32+46+27=105
(答え)105こ

**6** (しき)38+46+47=131
(答え)131さつ

---

📖 指導のポイント

**1** たし算の筆算です。一の位から順に，同じ位どうしを計算します。それぞれの位の計算で繰り上がった1を，忘れずに計算します。

**？わからなければ** お金を使ったり，絵にかいたりして10や100の束をつくり，繰り上げるようにさせましょう。

**2** (1)は，自分で筆算の形に書くときに，よくある間違いです。5は一の位に書き，一の位どうしを計算することを理解させます。
(2)では，たし算とひき算を混同しないようにすること，一の位に繰り上がりがあるときは，十の位の計算で忘れずに計算することを確認しておきましょう。

**3** 両方のカードの式をすべて計算して答えを求めてから，同じ答えのカードを線で結ぶようにします。

**4** 問題文をよく読んで，赤い花と黄色い花を合わせるとよいことが理解できれば，難しくありません。

**？わからなければ** 「赤い花が何本？ 黄色い花が何本？」と，要点を尋ねてみましょう。

**5** 前から18人目がけんじさんなので，18人の中にけんじさんが入っていることを理解させます。

**？わからなければ** 絵や図をかいて，場面を考えさせましょう。

**1** 一の位どうしをたした結果が，10をこえるのかそうでないのか考えます。十の位の計算では，繰り上がった1を加えて計算することを，忘れないようにします。

**？わからなければ** (3)と(5)を除いて，一の位の□の数は，2数の和の一の位の数と10をたした数（(1)では12）から，わかっているほうの数の一の位の数をひけば求められることを，おはじきなどを使って説明します。

**2** 3つの数のたし算の筆算です。2つの数のたし算の筆算と同じ要領で，一の位から順に繰り上がりに気をつけて計算します。

　　　 くり 4 7
　　数 上 2 0
　　の り ＋ 3
　　　 がり 7 0
　1+4+2=7 7+0+3=10

**3** 折り紙の差がわかっている問題です。ゆいさんのほうが18枚多いことを正確にとらえるようにします。

**4** 問題文をよく読んで，3日間に読んだページ数を合計することを理解させます。

**5** 3人とはだれのことで，それぞれが何個のみかんをとったのか，問題の場面を理解させます。

**？わからなければ** けいたさん，お兄さん，お姉さんそれぞれのとった個数を図で説明します。

**6** **4 5**の文章問題と同様に，3つの数を順にたし算します。繰り上がりにも気をつけて計算します。

# 3 ひき算の ひっ算 ①

## 標準クラス

**1** (1)43 (2)32 (3)22 (4)58
(5)44 (6)56 (7)68 (8)25
(9)41 (10)72 (11)91 (12)24

**2** (れい) 十のくらいの 計算が まちがって います。1 くり下げたから,十のくらい は 6−1=5 に なります。

**3**
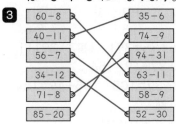

| | |
|---|---|
| 60−8 | 35−6 |
| 40−11 | 74−9 |
| 56−7 | 94−31 |
| 34−12 | 63−11 |
| 71−8 | 58−9 |
| 85−20 | 52−30 |

**4** (しき) 35−16=19
(答え) 19本

**5** (しき) 82−79=3
(答え) お姉さん,3回

## ハイクラス

**1**
(1)
```
  4⑥
 −1⑨
  2 7
```
(2)
```
  ⑨3
 − 7④
  1 9
```
(3)
```
  ⑥1
 − 2 2
  3⑨
```
(4)
```
  ⑤0
 − 3⑧
  1 2
```
(5)
```
  ⑧2
 − 2④
  5 8
```
(6)
```
  ⑧3
 − 1 7
  6⑥
```

**2** (1)30 (2)10 (3)40 (4)35
(5)12 (6)22 (7)0 (8)1
(9)79 (10)2 (11)46 (12)9

**3** (しき) 30−23=7 (答え) 7こ

**4** (しき) 33−16=17 (答え) 17人

**5** (しき) 55−28−19=8
または 55−(28+19)=8
(答え) 8人

**6** (しき) 125−34−44=47
または 125−(34+44)=47
(答え) 47まい

---

📖 指導のポイント

**1** 2・3けた−1・2けた の筆算です。一の位から順に,同じ位どうしひき算します。十の位や百の位から繰り下げなければならない計算では,繰り下げた1をひくことを忘れないようにします。

❓ **わからなければ** 右の(4)の計算のように,繰り下げた10や,1ひいた8を,小さく書かせてから計算させましょう。
(4)
```
  8 10
  ⁹.⁴
 − 3 6
   5 8
```

**2** 一の位はひくことができないので,十の位から1繰り下げて,12−5=7 となります。
十の位の計算では,繰り下げた1をひくことを忘れないようにしましょう。

**3** 両方のカードの式をすべて計算して答えを求めてから,同じ答えのカードを線で結ぶようにします。

**4** 問題文から黄色い花の本数は,(赤い花の本数)−16 本 であることを読み取ることが大切です。

❓ **わからなければ** 図にかいて考えさせましょう。

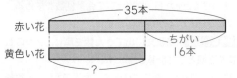

**5** 問題の場面を正しくとらえることが大切です。とんだ回数は,どちらが多いのか混同しないようにします。

**1** すべて繰り下がりのある計算です。一の位の計算から,一の位にある□は,どんな数であればよいのかを考えます。十の位から1繰り下げていることを忘れないようにします。

❓ **わからなければ** (3)では,十の位から繰り下げて,11−2 を考えます。十の位には一の位に繰り下げた1があったことを覚えておきましょう。

**2** 3つの数のひき算の筆算です。3つの数を一度に考えられない場合は,2つの数のひき算を2回します。
((3) 75−15=60 60−20=40)

❓ **わからなければ** 実際に計算をして見せてみましょう。

**3** 差を求める問題です。1本の鉛筆に,1個のキャップをつけることを読み取ることが大切です。

**4** 16番目にはるとさんが学校に着いたとき,学校には何人いるかをどうとらえているかがポイントです。

❓ **わからなければ** 前から順に並ぶ問題に置き換えて,図で説明します。

**5 6** 全体の大きさから,2つの数をひいて残りを出す問題であることを,とらえることが大切です。
解答例に示した ( ) を使った式は,現段階では参考程度に考えましょう。

❓ **わからなければ** 全体から,2つの部分をひくと,何が残るか考えながら計算すると,理解が深まります。

# 4 たし算の ひっ算 ②

p.14～17

## 標準クラス

**1**
(1) 159　(2) 466　(3) 373　(4) 280
(5) 678　(6) 781　(7) 886　(8) 290
(9) 119　(10) 392　(11) 771　(12) 990
(13) 553　(14) 861　(15) 435　(16) 380
(17) 116　(18) 122　(19) 672　(20) 893

**2**
(1)
```
  141
+ 45
 186
```
(2)
```
  17
+418
 435
```
(3)
```
  39
+651
 690
```

**3** (しき) 115+80=195　(答え) 195点

**4** (しき) 206+28=234
　(答え) 234ページ

**5** (しき) 69+525=594　(答え) 594円

**6** (しき) 65+59+16=140
　または 65+59=124　124+16=140
　(答え) 140こ

## ハイクラス

**1**
(1) 169　(2) 298　(3) 555　(4) 991
(5) 198　(6) 497　(7) 671　(8) 770
(9) 275　(10) 463　(11) 493　(12) 738
(13) 179　(14) 474　(15) 313　(16) 510

**2** (1) 140　(2) 268　(3) 189

**3**
(1)
```
  233
+ 17
 250
```
(2)
```
  29
+353
 382
```
(3)
```
  407
+ 88
 495
```

**4** (しき) 316+75=391　(答え) 391円

**5** (しき) 68+37+49=154
　または 68+37=105　105+49=154
　(答え) 154回

**6** (しき) 56+34+104=194
　または 56+34=90　90+104=194
　(答え) 194人

## 📖 指導のポイント

**1** (たし算の筆算の注意点)
・位をそろえて書く。
・一の位から順に上の位へ計算を進める。
・位ごとの答えは，位の真下へ書く。
・繰り上がった1を上の位にたす。
以上の手順や注意点を理解しているか，確認します。繰り返しての練習が大切です。

**? わからなければ** どの位でも10を超えると，上の位へ1繰り上がることを理解させ，位ごとに計算するようにします。(17)～(20)は，3口の筆算形式でできなければ，
(17) 85+26=111 → 111+5=116 → 85+26+5=116
のように，2口の計算2回として計算してもよいでしょう。

**2** 答えと上の数(たされる数とたす数)を見比べて，一の位の計算には繰り上がりがあるかどうか読み取れるかが大切です。

**3** 「あわせた」なので，たし算になることがわかります。式に書いた計算を筆算の形に書くときは，位を縦にそろえて書くことに注意します。

**4** 「ぜんぶで」なので，たし算の場面であることをとらえて考えます。

**? わからなければ** 絵にかくと，たし算の場面を理解しやすくなります。位をそろえて下の位から筆算をさせます。

**5** 買い物の合計なので，たし算になります。

**? わからなければ** 位ごとに計算し，10を超えると1繰り上がることを確かめながら，筆算をさせます。

**6** 3つの数のたし算です。

**? わからなければ** 絵をかくと場面を考えやすいです。

**1** 「標準クラス」の**1**の指導のポイントのように，たし算の筆算の注意点が守られているか確認します。

**? わからなければ** 繰り上がりがある計算では，繰り上がった1を忘れないように助言します。

**2** 3つの数や4つの数のたし算です。繰り上がりに気をつけて，一の位から順に計算します。3つの数を一度に考えられない場合は，3つの数を2つの数の計算2回として計算してもよいでしょう。

**3** 3問とも，答えに□はありません。一の位どうしをたし算した答えが，10以上である(繰り上がっている)ことに気がつけば，□に入れる数がわかります。

**? わからなければ** 十の位には，繰り上がった1があることを教えるようにしてみましょう。

**4** 買い物の合計金額を求める問題です。

**? わからなければ** 百円玉と十円玉と一円玉を用いて，実際の買い物のようにして具体的に考えさせましょう。

**5** 「あわせると」から，なわとびの合計回数を求めることが理解できているかが大切です。

**? わからなければ** 問題文に出てきた数を順に，2つの数の計算2回として計算させます。

**6** 3つの数のたし算になります。大人の56人と幼稚園の子の34人を先にたすと90人になります。工夫して計算できると，よりよいといえます。

# 5 ひき算の ひっ算 ②

p.18〜21

## 標準クラス

**1** (1)211 (2)321 (3)238 (4)704
(5)405 (6)680 (7)628 (8)414
(9)337 (10)356 (11)466 (12)945

**2** (1)210 (2)515 (3)709

**3** (1) 　37**2**
　　　− **5**8
　　　 314

(2) 　4**8**7
　　　− 2**8**
　　　 459

(3) 　75**0**
　　　− **4**4
　　　 706

**4** (しき)299−38=261
(答え)261きゃく

**5** (しき)453−29=424
(答え)424人

**6** (しき)554−45=509
(答え)509まい

## ハイクラス

**1** (1)213 (2)312 (3)611 (4)504
(5)402 (6)870 (7)217 (8)305
(9)719 (10)308 (11)506 (12)709
(13)912 (14)649 (15)868

**2**
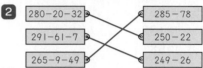

| 280−20−32 | | 285−78 |
| 291−61−7 | | 250−22 |
| 265−9−49 | | 249−26 |

**3** (1)(しき)154−43=111
　　(答え)青い ボール，111こ
(2)(しき)154−49=105
　　(答え)青い ボール，105こ

**4** (しき)140−24=116
(答え)116さつ

**5** (しき)390−45−35=310
または 390−(45+35)=310
(答え)310ページ

---

📖 指導のポイント

**1** 筆算でのひき算は，（位をそろえて書く）→（一の位から順に上の位へ計算を進める）→（位ごとに計算してひけないときは，上の位から1繰り下げて計算する）という手順で進めます。できるようになるまで，何度も繰り返し練習が必要です。
(7)〜(12)は，繰り下がりがあるひき算です。一の位を計算したとき，十の位から1繰り下げたあとの数がどうなっているかわかっていないと，正しく計算できません。百の位はそのまま百の位に書きます。
**(?)わからなければ** 十の位から1繰り下げると，一の位には10加わるということを理解させましょう。

**2** 3つの数のひき算です。3つの数を並べた筆算の形で，位ごとに計算することが難しければ，2回のひき算にして計算します。

**3** 3問とも，答えの一の位の数と上のわかっている一の位の数を見ると，繰り下がりのあるひき算であることがわかります。

**4** 問題文が長いので，よく読んで場面をとらえるようにします。

**5** 繰り下がりのある計算をする問題です。

**6** 45枚は，2つの折り紙の枚数の差であることを読み取らなければなりません。

**1** (7)〜(15)は，繰り下がりのあるひき算です。筆算の手順にそって，正しく計算できるようにします。できるようになるまで，何度も繰り返し練習することが大切です。
**(?)わからなければ** 上の位から1繰り下げると，下の位には10加わるという，繰り下がりの基本をもう一度説明しましょう。

**2** まず，カードのひき算の答えを正しく求めます。それから，同じ答えのカードを線で結びます。

**3** 問題文をよく読むことが大切です。ボールの色は3色あることを読み取らなければいけません。どの色とどの色とを比べているのか，正確にとらえて考えます。

**4** 問題文には，答えを求めるのに無関係な数が入っています。必要な数はどれか見つけて，問題を解くようにします。
**(?)わからなければ** 1組の学級文庫は何冊なのか考えさせましょう。

**5** 1つの式に表すと，390−45−35 となりますが，50ページで学習する「（ ）のあるしき」がわかっている場合は，読んだページをひとまとめにして，390−(45+35)と式を立てるほうが，計算も簡単でよりよいといえます。
**(?)わからなければ** 本の総ページ数，昨日読んだページ数，今日読んだページ数に分けて，問題を整理して示すようにします。

📐 チャレンジテスト①

1  (1)⑦500  ⑨560
   (2)⑦790  ⑨796

2  (1)83   (2)143
   (3)38   (4)18
   (5)350  (6)683
   (7)115  (8)237
   (9)82   (10)132
   (11)20  (12)58

3  (しき)105−58=47
   (答え)47人

4  (しき)50+20+40=110
   (答え)110本

5  (しき)15+15+8=38
   (答え)38本

6  (しき)31−9=22
        26+9=35
        35−22=13
   (答え)あすかさんが 13こ 多い。

---

📖 指導のポイント

1  数直線では，わかっている目盛りの大きさから，1目盛りの大きさを見つけることが大切です。
数直線に⑦と⑪の数を書いて，1目盛りがいくつになるかを考えさせましょう。
わからなければ，⑦と⑪のちょうど真ん中が⑨なので，まず，⑨がいくつになるかを考えさせましょう。
1目盛りの大きさは，(1)は10，(2)は1になっています。

2  たし算かひき算かを，間違えないように，正確に計算することが大切です。
3つの数の筆算では，2つの数の筆算と同様に，上から計算をします。
計算ミスには，特に注意させましょう。
❓わからなければ  繰り上がり，繰り下がりを忘れないように，小さく書かせましょう。

3  ひき算の文章問題です。
繰り下がりに気をつけて計算をします。ひかれる数の十の位が0であることに注意しましょう。
❓わからなければ  問題場面を図にかいて考えさせます。

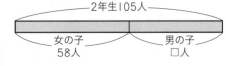

4  たし算の文章問題です。
❓わからなければ  問題場面を図にかいて考えさせます。

5  たし算の文章問題です。
❓わからなければ  まず，私の鉛筆の数を求めてから，2人の合計を求めさせましょう。
図にかいて考えてもよいでしょう。

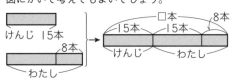

6  2人のおはじきの数の変化を考えさせて，おはじきの数の差を求めさせます。
❓わからなければ  「ひろ子さんは，あすかさんに9こあげた」ということから，「ひろ子さんは，9こ減った」「あすかさんは9こ増えた」と考えて式を立て，2人のおはじきの数を求めさせましょう。

① (1)< (2)< (3)>
(4)> (5)> (6)<

② (1)180 (2)75
(3)165 (4)239
(5)306 (6)84

③ (しき) 43+79+57=179
(答え) 179 さつ

④ (しき) 110-38-24=48
(答え) 48 まい

⑤ (しき) 105+27+32=164
(答え) 164 ページ

⑥ (しき) 23+21=44 18+21=39
44-39=5
(答え) 男子が 5人 多い。

---

📖 指導のポイント

① 大きい位から順に，同じ位どうしで大きさを比べて
いきます。
(3)～(6)は，まず計算をして答えを求めてから，大きさを
比べます。

② 3つの数や4つの数のたし算，ひき算の計算問題で
す。
繰り上がり，繰り下がりに気をつけて左から順に計算さ
せましょう。
(1)～(4)は3つの数を並べた筆算で計算させるか，2つの
数の筆算を2回するかで計算させましょう。

(1)
```
    2                1            1
    4 7        4 7        9 5
      4 8      + 4 8  →  + 8 5
  + 8 5          9 5      1 8 0
  1 8 0
```

③ 3つの数のたし算の文章問題です。
順序を入れ換えて，43+57 を先にすれば，100になっ
て，後のたし算が楽にできます。工夫して計算すること
も大切です。
❓ わからなければ 絵や図をかいて，場面を考えさせまし
ょう。

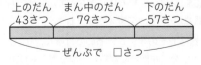

上のだん　まん中のだん　下のだん
43さつ　　79さつ　　　57さつ

ぜんぶで □さつ

④ 3つの数のひき算の文章問題です。
次のように，2人が使った折り紙の枚数を先に計算する
こともできます。
38+24=62 110-62=48

❓ わからなければ 問題場面を図に表しましょう。

ぜんぶで 110まい

そうたさんが　弟がつかった　のこったまい数
つかった38まい　24まい

⑤ 3つの数のたし算の文章問題です。
(きのうまでに読んだページ数) と (今日読むページ数)
と (のこりのページ数) をあわせると，その本の全部のペ
ージ数になることをイメージさせます。

❓ わからなければ 問題場面を図に表しましょう。

きのうまでに読んだページ数 105ページ

＋

今日読むページ
27ページ

＋

のこりのページ
32ページ

↓

ぜんぶのページ数

⑥ 男子，女子それぞれの人数を求めてから，違いを求
めます。

❓ わからなければ 問題場面を図に表しましょう。

男子23人　女子18人
2年1組

男子21人　女子21人
2年2組

# 6 ばいと かけ算

## 標準クラス

**1** (1)6, 6, 6, 6 (2)3
(3)8, 8, 8, 8, 8 (4)9, 5
(5)3, 7 (6)2, 8

**2** (1)2ばい (2)3ばい (3)2ばい

**3** (1)(しき)2×5=10 (答え)10まい
(2)(しき)4×7=28 (答え)28こ
(3)(しき)8×3=24 (答え)24こ
(4)(しき)7×6=42 (答え)42日
(5)(しき)4×8=32 (答え)32人

## ハイクラス

**1** (1)5, 3 (しき)5×3=15
(2)3, 4 (しき)3×4=12
(3)7, 4 (しき)7×4=28

**2** (1)3, 2, 6 (2)4, 5, 20
(3)5, 3, 15 (4)6, 4, 24

**3** 4, 5, 4×5, 20,
4+4+4+4+4, 20

**4** (れい)8まい, 色紙, 3人に くばると, 色
紙は ぜんぶで 何まい いりますか。
(しき)8×3=24

**5** (しき)6×2=12 (答え)12こ

**6** (しき)3×7=21 (答え)21こ

---

### 📖 指導のポイント

**1** かけ算で表された場面は、「同じ数ずつ」「いくつ分」を表していることを理解しなければいけません。かけ算の式をたし算の式で考えることが大事で、たし算の式をかけ算の式で表す操作は、このことが理解できていないと機械的な操作になってしまいます。
かけ算は、単に総数を求めるだけではなく、同じ数ずつ並んでいる場面をイメージすることが大切です。
**? わからなければ** 「同じ数ずつ」「いくつ分」になっているか、ブロックやおはじきなどを置いて考えさせます。「同じ数ずつ」「いくつ分」は、かけ算の式で表せることを理解させましょう。

**2** もとにする大きさと、比べる大きさをはっきり区別して考えさせます。この問題の場合、比べるときは、同じ形 (□) がいくつあるかではなく、もとの形がいくつ分あるかを考えさせましょう。
**? わからなければ** もとにする大きさに色をつけて、比べる大きさと区別して考えさせます。比べる大きさは、もとになる大きさのいくつ分になるか、もとになる大きさを1つ分として、色をつけていくつ分か考えさせましょう。

**3** 「同じ数ずつ」「いくつ分」かを読み取らなければなりません。同じ数ずつどのような状態にあるのかを考えて、かけ算の式に表します。
**? わからなければ** 図をかいたりブロックやおはじきを置いたりして、同じ数ずつ並んでいることを確かめさせます。「同じ数ずつ」、「いくつ分」かわかったら、(同じ数ずつ)×(いくつ分) で表すようにさせましょう。

**1** 絵を見て、同じ数ずつなのは何かを考えさせます。「同じ数ずつ」が、どんな1かたまりになっているのかつかんで、「いくつ分」かを考えるようにします。
(1)、(2)では、絵を見るとわかりやすいので、よく見て考えるようにさせます。
(3)は、「同じ数ずつ」が、個数などではなく、長さになっているので注意が必要です。
**? わからなければ** ブロックやおはじきなどで、同じ数ずつがどんな1かたまりになっているか考えさせましょう。

**2** ◯が同じ数ずつ並んでいます。「同じ数ずつ」の1かたまりをもとにして、「いくつ分」かを考えさせます。「いくつ分」の別な表し方として、「倍」を使います。
**? わからなければ** ◯が、いくつ集まって1かたまりになっているのか考えさせます。同じ数ずつになる1かたまりを、線で囲んで考えるとわかりやすくなります。

**3** 問題文を声に出して読ませてみましょう。
**? わからなければ** ブロックやおはじきなどを使って考えさせましょう。

**5** 「同じ数ずつ」「いくつ分」あるのか、問題文から読み取って、かけ算の式をつくります。
**? わからなければ** ブロックやおはじきなどで、1かたまりの大きさ (個数) をつくって考えさせましょう。

**6** 出てきた数字をそのままかけるのではなく、「同じ数ずつ」、「いくつ分」を問題文からしっかり読み取ります。「いくつ分」は、「7人分」と置き換えます。
**? わからなければ** ブロックやおはじきなどの具体物で実際に場面をつくらせてみましょう。

# 7 かけ算 ①

**標準クラス**

**1** (1)20 (2)12 (3)12 (4)8 (5)21
(6)10 (7)15 (8)40 (9)18 (10)9
(11)14 (12)30 (13)45 (14)27 (15)10
(16)6 (17)15 (18)24 (19)16 (20)35
(21)18

**2** (1)5 (2)7 (3)8 (4)9

**3** (1)(しき)5×8=40 (答え)40こ
(2)(しき)3×6=18 (答え)18まい
(3)(しき)2×9=18 (答え)18人

**4** (しき)2×4=8
(答え)8日

**5** (しき)5×4=20 3×6=18
20+18=38
(答え)38人

**ハイクラス**

**1** (〇を つける しき)
(1)3×5 (2)5×2 (3)3×9
(4)2×5 (5)3×7 (6)2×7
(7)3×6 (8)2×3 (9)2×8

**2** (1)2 (2)6 (3)5 (4)3 (5)3 (6)3

**3** (しき)3×8=24 24-1=23
または 3×7=21 21+2=23
(答え)23こ

**4** (しき)2×5=10 10+3=13
(答え)13人

**5** (しき)5×8=40 40+10=50
(答え)50円

**6** (しき)3×6=18 18-8=10
(答え)10本

---

### 指導のポイント

**1** 5の段，2の段，3の段の九九を，1つずつ確実に覚えていることが基本です。問題に出ているように，九九がばらばらに出てきても，すらすらと唱えられるようにしておきましょう。

**？ わからなければ** 九九を逆順に唱えるなど，九九の練習に工夫をして，マスターさせるようにしましょう。

**2** かけられる数の段の九九の中で，答えになるものを探すようにします。

**？ わからなければ** かけられる数の段の九九を順に唱えて答えになるかける数を探させましょう。

**3** 2年生では，「いくつ分」を「倍」ととらえています。「何の何倍」は，「何のいくつ分」と同じと考えて，かけ算の式をつくることができます。

**4** 休みの日数を尋ねています。2日ずつ4回休みがあることを読み取らなければなりません。

**5** 長いすが，2種類あることを読み取らなければなりません。それぞれに，何人ずつ座れるか考えます。

**？ わからなければ** 5人座れる長いすと3人座れる長いすの絵をかいてブロックなどを置き，それぞれの長いすに何人座れるのか，問題の場面に合わせて正確にとらえられるようにしましょう。

**1** このような問題に正しく答えるためには，九九がすらすら出てこなければ，解答することができません。九九をマスターしておくことが基本です。

**2** かけ算は，「何のいくつ分」を表しているのか考えて，□に入る数を見つけます。(1)の2×4は，「2の4つ分」なので，「2の3つ分」より「2の1つ分」大きいと考えます。

**？ わからなければ** 左から順に計算します。2×4，2×3を計算し，8は6より□大きいと考え，あてはまる数を見つけさせましょう。

**3** 問題をよく読んで，3個ずつ8袋分のキャラメルの数を求めます。いくつ足りないのか読み取れば，キャラメルの総数を求めることができます。

**4** 2人乗りの乗りもの5台に乗ったとき，乗れなかった人がいることを読み取ります。乗った人と乗れなかった人を合わせて，公園へ行った人数になります。

**？ わからなければ** ブロックを使って考えさせましょう。

**5** まず，あめの代金を求めます。次にあめの代金とおつりの合計を求めます。

**？ わからなければ** 絵をかいたり，実際にお金を使ったりして考えさせましょう。

**6** 全部の花の本数を計算し，全体から，赤い花8本を除きます。

**？ わからなければ** 絵をかいて，花に赤い色をつけて問題場面を理解させましょう。

# 8 かけ算 ②

## 標準クラス

**1** (1)30 (2)36 (3)28 (4)14 (5)18
(6)32 (7)35 (8)16 (9)42 (10)20
(11)42 (12)12 (13)24 (14)49 (15)24
(16)12 (17)36 (18)63 (19)54 (20)56
(21)8

**2** (1)9 (2)5 (3)7 (4)8

**3** (1)3 (2)9 (3)7 (4)5
(5)6×4, 24 (6)7×5, 35

**4** (しき)4×7=28 (答え)28ページ

**5** (しき)6×7=42 (答え)42こ

**6** (しき)7×8=56 (答え)56人

## ハイクラス

**1** (○を つける しき)
(1)4×6 (2)7×8 (3)4×4
(4)6×5 (5)4×9 (6)6×3
(7)7×7 (8)6×7 (9)6×4

**2** (1)18 (2)8 (3)28 (4)36
(5)4 (6)7 (7)4 (8)4

**3** (しき)4×6=24 24+5=29
(答え)29本

**4** (しき)6×4=24 (答え)24本

**5** (しき)7×4=28 28-5=23
(答え)23まい

**6** (しき)6×3=18 18+3=21
または 7×3=21 (答え)21こ

---

📖 指導のポイント

**1** 4の段, 6の段, 7の段の九九を, 1つずつ確実に覚えていることが大切です。機会をとらえては, 九九の練習をするようにしましょう。
「四七」と「七七」,「七六」と「四六」のように, 発音の似ているものは特に注意して, 間違ったまま覚えないようにします。
**❓わからなければ** かけられる数の段の九九を順に唱えたり, かける数とかけられる数を逆にしたりして答えを見つけさせます。

**2** かけられる数の段の九九の中で, 答えになるものを探すようにします。

**3** (1)〜(4)では, 例えば(1)は,「6の□倍は18」というように, 問題を読む順を変えて考えるようにします。
(5)(6)では,「何の何倍」は「何のいくつ分」と同じと考えて, かけ算の式をつくります。

**4** 1週間=7日であることがわかると, 4ページの7日分と考えられます。7×4 としないように気をつけましょう。
**❓わからなければ** カレンダーを使って考えさせると, わかりやすいです。

**5** 問題文に出てくる数は7袋が先ですが,「何のいくつ分」か考えれば容易に式をつくることができます。

**6** 7人のグループが8つあることを読み取ります。
**❓わからなければ** ブロックやおはじきを使ったり, 絵にかいたりして, 式を考えさせましょう。

**1** 九九の答えが反射的に, 正しく出てくるようにしておくことが大切です。九九が正しく唱えられることは, 2年生の算数の学習だけでなく, これからの学習の基本となります。マスターできるように, 繰り返し練習しましょう。

**2** かけ算の式は,「何のいくつ分」を表しているのか考えさせます。「いくつ分」を「何倍」と表すことを, 絵やブロックなどでとらえさせます。
**❓わからなければ** 実際に計算させます。(5)は, 4=8-□ となり, □を求めることができます。

**3** 問題文の中には, 1つの四角形をつくるのに棒を4本使うとは出ていません。図を見て, 1つつくるのに4本必要なことをとらえます。
**❓わからなければ** 実際につくらせてもいいでしょう。

**4** 「半ダースは6本」が理解できれば考えられますが,「ダース」がわからないときは, 1ダースは12本であることを, この機会に教えましょう。
**❓わからなければ** 1箱分6本をブロックで表して, 全部の数を考えさせましょう。

**5** 足りない5枚をどうしたらよいのかが, ポイントです。
**❓わからなければ** 配ろうとした数から足りない分をひけば, 初めにあった数になることを説明します。

**6** 1パック6個入りにおまけが1個つくので, 1パック7個入りと考えて計算することもできます。
**❓わからなければ** 1パックごとにブロックで考えます。

# 9 かけ算 ③

## ▼ 標準クラス

**1** (1)24 (2)4 (3)72 (4)42 (5)32
(6)54 (7)27 (8)72 (9)21 (10)56
(11)49 (12)45 (13)48 (14)7 (15)81
(16)63 (17)32 (18)36 (19)8 (20)18
(21)64

**2** (1)4 (2)7 (3)3 (4)7

**3** (1)6 (2)3 (3)9 (4)2
(5)7×8, 56 (6)8×3, 24

**4** (しき)8×5=40 (答え)40時間

**5** (しき)9×6=54 (答え)54こ

**6** (しき)1×4=4 (答え)4こ

**7** (しき)4×8=32 32+3=35
または 4×8+3=35 (答え)35きゃく

## ➡ ハイクラス

**1** (○を つける しき)
(1)4×5 (2)6×8 (3)7×8 (4)1×7
(5)5×9 (6)6×4 (7)3×5 (8)8×4
(9)7×4 (10)3×3 (11)7×7 (12)9×3

**2** (1)8 (2)2 (3)9 (4)64
(5)9 (6)4 (7)4 (8)3

**3** (しき)8×3=24 24−4=20
(答え)20こ

**4** (しき)1×8=8 (答え)8こ

**5** (しき)8×4=32 32+4=36
(答え)36台

**6** (しき)4+3=7 9×7=63
(答え)63まい

---

📖 指導のポイント

**1** 8, 9, 1の段以外の段の九九も取り上げています。いろいろな段の九九を練習すると，間違った九九を覚えてしまうことがあります。ここで取り上げる8の段は，特に間違いの多いところです。

**2** かけられる数やかける数の段の九九の中で，□にあてはまる数になるものを探します。答えの大きさを見て，□にあてはまる数を予測できるようにさせます。

❓ **わからなければ** かけられる数やかける数の段の九九を順に唱えて，□にあてはまる数を見つけさせましょう。

**3** 「何倍」は「いくつ分」のことです。かけられる数の「いくつ分」で答えになるのか，九九で考えさせます。

❓ **わからなければ** (1)〜(4)では，例えば(1)は「8の□倍は48」というように，問題を読む順を変えて考えさせましょう。

**4** 「毎日8時間ずつ」は，「1日に8時間ずつ」働くと考えます。

**5 6** 「1つ分の大きさ」が「いくつ分か」をよく考えて式をつくります。

❓ **わからなければ** 絵をかいたり，ブロックなどを並べたりして考えさせましょう。

**7** 4脚ずつ並んでいて，あと3脚残っていることも忘れないようにしましょう。

❓ **わからなければ** 図をかいて，考えさせましょう。

**1** 九九はどの九九を示されても，反射的に正しく答えられるようにします。繰り返し練習することが大切です。

**2** 「何の何倍」は「1つ分の大きさ」の「いくつ分(倍)」で考えます。かけ算の式のかけられる数は「1つ分の大きさ」に当たることを理解させます。

❓ **わからなければ** 実際に計算をして，あてはまる数を書き入れさせましょう。

**3** 問題文から，「1袋に8個ずつ3袋分」をとらえさせます。余りの数をひくのを忘れないようにします。

❓ **わからなければ** ブロックやおはじきなどで，全体の数を考えさせましょう。

**4** 「いちご1個ずつ8個分」の場面です。「ケーキ1個にいちご1個ずつ」を，理解させることが大切です。

❓ **わからなければ** ケーキの絵をかいて，「ケーキ1個にいちご1個ずつ」をブロックなどを置いて考えさせましょう。

**5** 問題文から，机が「1列に8台ずつ4列分」と4台あることを読み取ることが大切です。

❓ **わからなければ** 机が並んでいる様子を，ブロックなどを並べて考えさせましょう。

**6** まず，けい子さんのグループの合計人数が，何人かを考えます。そして，「1人に9枚ずつ7人分」の式を考えさせましょう。

❓ **わからなければ** 「1つ分の大きさ」が「いくつ分」か考えさせましょう。

# 10 かけ算の きまり

## ▼ 標準クラス

**1** (1)6 (2)4 (3)7 (4)5
(5)8 (6)6 (7)3 (8)7

**2** (1)かけられる，かける（じゅん番は どちらが 先でも よいです）
(2)5，3 (3)6 (4)7，42

**3** (1)5，32，4，32
(2)4，32
せつめい…(れい)絵が はって いない，あいて いる ところも 数えてから，あいて いる 分を ひきました。

## ➡ ハイクラス

**1** (1)7 (2)7 (3)3，9，9
(4)2，6，6

**2** (1)9 (2)7 (3)2 (4)6
(5)5 (6)2

**3** (1)12
(2)13

**4** 24

**5** (しき)3×12=36
(しき)12×3=36
(答え)36こ

---

## 📖 指導のポイント

**1** かけ算では，かけられる数とかける数を入れかえても，答えは変わりません。
このことを，1～9の段すべての九九の表づくりから，見つけさせるとよいでしょう。
**❓わからなければ** 九九の表を使って答えに印をつけて考えさせます。かけられる数とかける数を逆にして，九九を言わせると，□に入る数が求められます。

**2** (1)から(4)まで同じ種類の問題ではありません。
(1)は，あてはまることばを書き入れます。
(2)は，「何のいくつ分」かで考えます。
(3)(4)は，九九の表を利用したり，九九を唱えたりして考えます。

**3** (1)図を見て，それぞれの式が表している「1つ分の大きさ」と「いくつ分」を考えます。
(2)「4」と「9」がどこの数を表しているのかを考えさせるようにします。説明を書くのが難しければ，まず，声に出して説明させるとよいでしょう。
**❓わからなければ** 表されているかけ算の式が，図のどこを求めるのかを，図に色分けしたり，線で囲んだりして考えるようにします。図と合わせて，□に入る数を考えさせましょう。

**1** (1)(2)は，九九ではかける数が1増すと，答えはかけられる数だけ増えるということから考えます。
(3)(4)は，かけ算では，かけられる数とかける数を入れかえても答えは変わらないことから考えます。
**❓わからなければ** (3)で，2×□ の□の数は，3×6=18 から，2の段の九九で答えが18になる数を見つけさせます。

**2** 分配法則の問題です。しかし，この考え方は，2年生では理解することが困難で，九九の表の発展的な指導として，直観的な理解にとどめておきます。
例えば(1)では，次のように考えます。右の表から，5×3=15 と 5×6=30 より，和の45を見つけさせます。そして，九九の表から答えが45になる 5×9 を見つけます。このことから，かける数の3と6の和9が，□に入る数になります。

| |
|---|
| 5×1=5 |
| 5×2=10 |
| 5×3=15 |
| 5×4=20 |
| 5×5=25 |
| 5×6=30 |
| 5×7=35 |
| 5×8=40 |
| 5×9=45 |

**3** (1)かける数が同じ2つのかけ算の式を合わせて，1つのかけ算の式にします。「(れい)2×3=6 と 9×3=27 を合わせると，(2+9)×3=11×3=33」より，考えましょう。

**4** 九九の表で2つの段を比べて考えるようにしてもよいでしょう。例えば，4の段の九九と8の段の九九とで，同じ答えになるところを探します。その数と同じ答えを3の段，6の段でも探します。

**5** 縦の列と横の列，それぞれの〇の個数に着目して，式を書き，答えを求めます。横の数が12で10よりも大きくなっています。3×10=30 3×11=33…と考えたり，10×3=30 11×3=33…と考えたりします。

1　(1)14　(2)24
　　(3)48　(4)72
　　(5)6　(6)72
　　(7)21　(8)45
　　(9)49　(10)12
　　(11)64　(12)30
　　(13)24　(14)45
　　(15)49

2　(1)＞　(2)＝
　　(3)＜　(4)＝
　　(5)＝　(6)＞

3　(1)8　(2)5
　　(3)5　(4)11

4　(1)9, 2
　　(2)1, 5

5　(しき)4×5=20
　　　　　3×7=21
　　　　　20+21=41
　　(答え)41人

6　(しき)7×4=28
　　　　　28+6=34
　　(答え)34まい

7　(しき)6×3=18
　　　　　18−2=16
　　(答え)16こ

8　(1)2×5＋3〔または，2×6＋1〕
　　(2)3×5−2

---

📖 指導のポイント

1　(10)の 6×3−6 は，6の1つ分をひいているので，6×2 と考えます。
(11)は，8の1つ分をたしているので 8×8 と考えます。

2　まず計算をして答えを求めてから，大きさを比べます。ただし，かけられる数とかける数を入れかえても答えは変わらないので，(2)は計算をしなくても同じと分かります。

3　(2)〜(4)は，1と同じように，かけられる数の1つ分，大きい，小さいと考えます。
❓わからなければ　順序よく計算させましょう。

4　「何の何倍」になっているかを読み取ります。

5　2種類の長いす，それぞれに座れる人数を計算します。別々に計算して，それを合計すると，長いすに座れる人数を求められます。
❓わからなければ　4人座れる長いすと3人座れる長いすの絵をかいて，ブロックやおはじきなどを座れる人数分置いて考えさせましょう。

6　7枚ずつ4人分を求めただけでは，初めにあった枚数は求められません。余った6枚も初めにあった色紙なので，7枚ずつ4人分と余りをたして総数を求めます。
❓わからなければ　図やブロックなどを用いて表したあと，式で表すようにさせましょう。

7　「1箱に6個ずつ3箱分」と考えさせます。はじめにあった数から食べた数をひくと，答えを求められます。
❓わからなければ　「6個ずつ3箱分」をブロックなどで表します。全体の数を計算したあと，食べた2個をひくようにさせましょう。

8　並んでいる◯を，「1つ分の大きさ」に着目して考えさせます。
❓わからなければ　同じ数のまとまりを，図にかき入れて考えさせましょう。

(1)
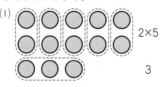
2×5
3
2×5+3（=13）

(2)
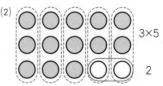
3×5
2
3×5−2（=13）

1 (1) 40　(2) 0
　　(3) 70　(4) 26
　　(5) 33　(6) 48

2 (1) 2　(2) 8
　　(3) 7　(4) 4
　　(5) 13

3 (1) (しき) 3×7=21
　　　 (答え) 21こ
　　(2) (しき) 3×12=36
　　　 (答え) 36こ

4 (しき) 5×8=40
　　　　 7×5=35
　　　　 40−35=5
　 (答え) えんぴつ, 5

5 (しき) 2×7=14
　　　　 14+6=20
　 (答え) 20まい

6 (しき) 6×5=30
　　　　 8×4=32
　　　　 32−30=2
　 (答え) 2円

7 (しき) 3+4+5=12
　　　　 12×3=36
　　　　 100−36=64
　　　　 [3×3=9
　　　　 4×3=12
　　　　 5×3=15
　　　　 9+12+15=36
　　　　 100−36=64]
　 (答え) 64円

---

📖 指導のポイント

1 0, 10以上の数のかけ算です。
? わからなければ　おはじきを使ったり，図をかいたりして求めさせましょう。

2 かけ算のきまりを使った問題です。
(2)は，5にいくつかかけたものから5をひいて，5×7になっているので，7より1大きい数をかけることが分かります。
(5)は，かける数を問う問題です。たしている2つの式のかける数をたします。

3 (2)は，10以上の数のかけ算です。
? わからなければ　3×10，3×11…と考えます。答えは，3ずつ増えていくことを使って考えさせましょう。

4 5 かけ算を使う文章問題です。
? わからなければ　図やブロックなどを用いて表したあと，式で表すようにさせます。

6 持っていったお金の金額と，8円のあめ4個分の値段を求め，足りない金額を出していきます。
? わからなければ　あめやお金を使ったり，図に表したりして，問題場面をしっかり理解させましょう。

7 3円，4円，5円の画用紙1枚ずつをセットにして，その3セット分と考えると，計算が楽にできます。
? わからなければ　3種類の画用紙の3枚分の値だんをそれぞれ考えさせてから，おつりを求めさせます。

# 11 （　）の ある しき

p.50〜53

## 標準クラス

**1** (1)10 (2)68 (3)47 (4)25
(5)40 (6)25 (7)136 (8)100
(9)228 (10)327

**2**

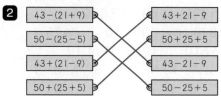

| | |
|---|---|
| 43−(21+9) | 43+21−9 |
| 50−(25−5) | 50+25+5 |
| 43+(21−9) | 43−21−9 |
| 50+(25+5) | 50−25+5 |

**3** (1)(しき) 25−(5+3)＝17
　　(答え) 17まい
(2)(しき) 30−(17+3)＝10
　　(答え) 10さつ
(3)(しき) 17+(18+2)＝37
　　(答え) 37人
(4)(しき) 190−(150−20)＝60
　　(答え) 60円

## ハイクラス

**1** (1)12 (2)32 (3)56 (4)55
(5)33 (6)263 (7)130 (8)31
(9)65 (10)110

**2** (1)今日，お母さんに ビー玉を もらった あとの 青い ビー玉の こ数
(2)きのう，妹に ビー玉を あげた あとの としやさんが もって いる ぜんぶの ビー玉の こ数

**3** (1)(しき) 130−(55+55)＝20
　　(答え) 20円
(2)(しき) (12−5)+7＝14
　　(答え) 14わ
(3)(しき) 41−(45−6)＝2
　　(答え) 2こ
(4)(しき) 150−(40+70)＝40
　　(答え) 40こ

---

### 📖 指導のポイント

**1** （　）の 中は，先に計算します。（　）を使った式の計算の約束を理解させます。

**？わからなければ** （　）の中の計算を先にして，1つの数にします。たし算とひき算が混じっているので，たすのか，ひくのかはっきりさせて計算をさせます。

**2** それぞれの式を計算して，同じ答えのカードを見つける方法が一般的ですが，（　）を使った式の意味から，同じ答えを表す式を見つけることも大切です。

**？わからなければ** （　）のある式の計算が正しくできているか，1つずつ取り出して確かめてみましょう。

**3** それぞれの問題で，どの部分を（　）の中に入れて式を立てるのかがポイントになります。

(1) 姉と妹にあげたシールの枚数は，5+3で求められます。これを（　）の中に入れて，式を立てることが理解できていることが大切です。

(2) 本だなの上の段と下の段とに分けて考えます。下の段にある2種類の本を先にたして考えます。

(3) 女の子の人数は，出席者と欠席者を合わせた人数になることを，読み取らなければなりません。

(4) 150円のノートがいくらになったかを考え，式を立てます。20円安くなったので，150−20とし，それを（　）の中に入れます。

**？わからなければ** 絵や図をかいて，場面を考えさせます。

**1** (1)〜(4)のように，（　）のない式の計算は，前から順に計算するのが原則ですが，(1)と(2)の計算では，計算の順序を変えて，(1)25+3−16 (2)51+5−24 と，たし算を先にすると，繰り下がりなく簡単に計算できます。また，(3)と(4)では，たし算とひき算の順序を変えて，(3)48−5+13 (4)38−7+24 とすれば，繰り上がりなく計算することができます。このように，工夫して計算する力を養うことも大切です。

(5)〜(10)は，（　）の中から先に計算します。(9)，(10)は，（　）が2か所にありますが，2つの（　）の中をそれぞれ先に計算して，1つの数に直して計算を進めます。

**？わからなければ** （　）のある計算は，（　）の中を先に計算するという約束を確認します。

**2** としやさんが持っているビー玉の個数の変化を，時間の経過にそって読み取ることを理解させます。

**？わからなければ** 問題文を声に出して読ませます。それから，（　）の中が何を表しているのか考えさせます。

**3** 問題文で，まとめて考えるところを見つけます。

**？わからなければ** 問題文は声を出して読ませ，わかったところから図や絵にかくようにすると理解しやすくなります。

# 12 10000までの 数

## 標準クラス

**1** (1)2900　(2)8003　(3)5030
(4)9601

**2** (1)千五百三十六　(2)八千四十　(3)七千一

**3** (1)>　(2)<　(3)>　(4)<
(5)<　(6)<　(7)>　(8)<

**4** (1)1600　(2)400
(3)6000　(4)1000
(5)10000　(6)8000

**5** (1)3829　(2)0, 7　(3)200
(4)70　(5)4997　(6)3008
(7)10000

## ハイクラス

**1** (1)6000, 5850　(2)7000, 6850
(3)2900, 3050　(4)9700, 9400
(5)㋐800　㋑1600

**2** (1)9901　(2)43　(3)5000
(4)290　(5)1000, 10　(6)8475

**3** (1)9610　(2)1069　(3)6019

**4** (1)6, 7, 8, 9　(2)5, 6, 7, 8, 9
(3)7, 8, 9

**5** (1)296　(2)28

**6** (考え方と しき)　100まいの たば 68
たばで 6800まい
10まいの たば 73たばで 730まい
6800+730=7530
(答え) 7530まい

---

📖 指導のポイント

**1** 漢数字で書いてある, 千, 百, 十は, 右のような位取りの表の位を示していることを, 理解することが大切です。

| 千の<br>くらい | 百の<br>くらい | 十の<br>くらい | 一の<br>くらい |
|---|---|---|---|
|  |  |  |  |

**❓ わからなければ** 漢数字での表し方を理解するには, 漢数字を読んで, 上のような位取りの表におはじきなどを置きます。例えば, 読んだ数二千は, 千の位に2個と考えさせます。数字で書くときは, 声を出して読みながら, 位取りの表に数字を書かせると考えやすくなります。

**2** 読んだとおりに, 位の名前を入れて漢数字で書かせます。

**3** 比べる2つの数を, いちばん大きい位から同じ位どうしで大きさ比べをすることが大切です。比べた位の数が同じならば, 1つ下の位どうしで比べることを理解させるようにします。

**4** 何百, 何千の計算は, 百, 千をひとかたまりとして考えることが大切です。(5), (6)は, 1万は千を10個集めた数だということを思い出して計算します。

**❓ わからなければ** 実際に100円玉や千円札を使うと, 具体的でわかりやすくなります。

**5** 1が10個集まって10, 10が10個集まって100, 100が10個集まると1000になることを理解することが大切です。位取りの表と, おはじきなどを利用して考えるとよいでしょう。

**1** (1)〜(4)では, 数がいくつとびに並んでいるのか, その大きさを見つけることがポイントです。また, 増えているのか減っているのかを考えさせます。(5)では, わかっている数から1目盛りの大きさを見つけます。

**❓ わからなければ** (1)〜(4)では, 連続している2つの数の差を考えて, いくつとびか考えさせましょう。

**2** (1)〜(5)では, もとになる数がどれなのか考えさせます。(6)では, 位取りの表を使って, 千の位・百の位・十の位・一の位にいくつ数を入れるのか考えさせます。

**❓ わからなければ** 10が10個で100, 100が10個で1000になることから考えさせましょう。

**3** 4けたの数なので, 0が千の位に入ることはありません。いちばん大きい数では千の位から大きい順に並べます。いちばん小さい数では, 千の位から小さい数を順に置いていきますが, 0は百の位に置きます。

**❓ わからなければ** カードをつくって, 位取りの表にカードを置いて, どんな数ができるのかを考えさせましょう。

**4** □にあてはまる数を選んで, 全部書きます。□に, 比べる数の同じ位の数を入れるとわかりやすいです。

**5** 10が10個集まって100, 10が100個集まると1000になることから, □にあてはまる数を考えます。

**❓ わからなければ** 位取りの表で考えさせましょう。

**6** 100枚の束と10枚の束とを別々に考えさせます。それぞれの数を, 位取りの表におはじきやブロックで置くと, 全部の数がわかりやすくなります。

# 13 分数 <small>ぶんすう</small>

p.58〜61

## 標準クラス

**1** (1)$\frac{1}{3}$ (2)$\frac{1}{4}$ (3)$1$ (4)$3$つ

**2** (1)$\left\{\boxed{\frac{1}{3}}, \ \frac{1}{7}\right\}$ (2)$\left\{\boxed{\frac{1}{5}}, \ \frac{1}{6}\right\}$ (3)$\left\{\frac{1}{8}, \ \boxed{\frac{1}{2}}\right\}$

(4)$\left\{\boxed{\frac{1}{2}}, \ \frac{1}{9}\right\}$ (5)$\left\{\boxed{\frac{1}{11}}, \ 0\right\}$ (6)$\left\{\frac{1}{3}, \ \boxed{1}\right\}$

**3** (1)○ (2)× (3)○
(4)× (5)○ (6)×

**4** (1)$\frac{1}{2}$ (2)$\frac{1}{4}$ (3)$\frac{1}{2}$ (4)$\frac{1}{8}$

## ハイクラス

**1** (1)× (2)○ (3)×

**2** (1)6 (2)4 (3)9 (4)4
(5)$\frac{1}{3}$

**3** (1)2, 3, 4, 5, 6, 7 (2)4, 5
(3)2, 3, 4

**4** (れい)(1)  (2)

**5** $\frac{1}{8}$

---

### 📖 指導のポイント

**1** (1)(2) 図から，どちらの色の部分が大きいかを考えます。分子が等しい分数では，分母の数が小さいほうが大きくなります。

(3) $\frac{1}{6}$は6つに分けたうちの1つ分なので，6つで1になります。

(4) 図から，3つ分で$\frac{1}{4}$になることがわかります。

**2** 分子が等しい分数では，分母の数が小さいほうが大きくなります。

(6) $\frac{1}{3}$を3つあわせると1になるので，1のほうが大きいです。

**3** (1) 2こに分けたうちの1つ分です。
(2) 4こに分けたうちの1つ分です。
(3) 色のついた部分を移動させると，2こに分けたうちの1つ分とわかります。
(4) 4こに分けたうちの1つ分です。
(5) 色のついた部分を移動させると，2こに分けたうちの1つ分とわかります。
(6) 9こに分けたうちの5つ分です。

**4** (1) 2こに分けたうちの1つ分です。
(2) 4こに分けたうちの1つ分です。
(3) 2こに分けたうちの1つ分です。
(4) 8こに分けたうちの1つ分です。

**1** (1) 色のついた部分を移動させると，3こに分けたうちの1つ分とわかります。
(2) 色のついた部分を移動させると，4こに分けたうちの1つ分とわかります。
(3) 長方形を同じ大きさに分けていないので，色のついた部分が$\frac{1}{4}$かはわかりません。

**2** (2) $\frac{1}{8}$は8つに分けたうちの1つ分なので，4つで$\frac{1}{2}$になります。

(4) $\frac{1}{4}$は4つに分けたうちの1つ分なので，2つで$\frac{1}{2}$になります。

(5) $\frac{1}{12}$は12こに分けたうちの1つ分なので，4つで$\frac{1}{3}$になります。

**3** 分子が等しい分数では，分母の数が小さいほうが大きくなります。

**4** (1) 12こに分けているので，色のついた部分が3こになるようにします。
(2) 16こに分けているので，色のついた部分が4こになるようにします。

**5** 8つに分けたうちの1つ分です。

1 (1)54
　(2)100
　(3)45
　(4)145
　(5)92
　(6)169

2 (1)3230
　(2)100
　(3)⑦2000
　　　①4600

3 (1)イ
　(2)ウ
　(3)ウ
　(4)エ

4 （しき）300−(90+180)＝30
　（答え）30円

📖 指導のポイント

1 （ ）の中を先に計算します。
（ ）のある問題は，（ ）を考えず順に計算してしまうと，答えが変わってくることがあるので注意しましょう。
計算の順序，たし算かひき算かを確かめながら計算をします。
(1) 16+4=20，74−20=54
(2) 82−15=67，33+67=100
(3) 106−79=27，18+27=45
(4) 18+33=51，196−51=145
(5) 73−18=55，37+55=92
(6) 35−24=11，180−11=169

2 (1)は，10が23個あることに注意させましょう。
10が20個で200なので，10が23個で230になります。また，1000が3個で3000なので，あわせた数が答えになります。
(3)は，1目盛りがいくつかを考えさせます。
3000から5000の間の2000を10に分けているので，1目盛りは200になります。
? わからなければ 位取りの表を使うと考えやすくなります。

3 図に入っている目盛りは，全体のテープを8つに分けたものになることを理解させましょう。
また，もとにする長さがアなのか，イなのかで答えは変わってきます。問題をよく読んで，どの長さをもとにしているのかをしっかり理解させましょう。
$\frac{1}{2}$ は2つに分けたうちの1つ分，$\frac{1}{4}$ は4つに分けたうちの1つ分です。
? わからなければ 実際に紙テープを使って考えさせるのもいいでしょう。

4 （ ）を使って1つの式で表す問題です。
買った金額を1つに考え，「出したお金−買った金額=おつり」にあてはめて考えます。
? わからなければ 買った金額を先に求めて，式を立て，そのあと270を(90+180)に置き換えさせましょう。

1　(1)21　(2)31
　(3)85　(4)98
　(5)204　(6)195
　(7)870

2　(1)1057
　(2)7501
　(3)5710
　(4)1750

3　(しき)54−(8+17)=29
　(答え)29こ

4　(しき)2000+400+120=2520
　　　　　3850−2520=1330
　(答え)1330円

5　$\dfrac{1}{2}$

─────📖 指導のポイント─────

1　たし算，ひき算の計算練習です。繰り上がり，繰り下がりに，気をつけて計算させます。
(1)〜(4)は，前から順に計算するのが原則ですが，(1)，(2)は，(1)32+4−15　(2)76+3−48のように，順序を変えてたし算を先にすると，繰り下がりなく計算ができます。
(3)，(4)は，(3)29−7+63　(4)67−5+36　(67+(36−5))のように，順序を変えると，繰り上がりなく計算ができます。
(5)〜(7)は，( )の中を先に計算するという約束を確認します。

2　4けたの数なので，0が千の位に入ることはありません。いちばん大きい数は，千の位から大きい順に並べます。いちばん小さい数は，千の位から小さい順に並べますが，0は百の位に置きます。
❓わからなければ　(2)は，いちばん大きい数をつくり，そのあと，二番目に大きい数を考えさせます。

3　文章を読み取って，( )を使った式に表す問題です。この問題は，あかねさんとそらさんが食べたあられの数を，( )を使って先に求めてから，全部のあられの数からひきます。
❓わからなければ　下のように，図を使って考えさせます。

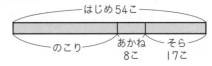

食べた数：(8+17)こ
のこりの数：54−(8+17)=29（こ）

4　まず，いくら使ったのかを，千円，百円，十円ごとに考え，残りを求めましょう。
❓わからなければ　位取り表を使って考えさせるとよいでしょう。

5　ケーキを同じ大きさ6個に切り分けると，1個の大きさは，もとのケーキの大きさの$\dfrac{1}{6}$になります。そのあと，3人が1個ずつ食べると，$\dfrac{1}{6}$の大きさのケーキが3個残っています。

上の図から，$\dfrac{1}{6}$の3個分は，もとの大きさの$\dfrac{1}{2}$です。

# 14 時こくと 時間

**p.66〜69**

## 標準クラス

**1** (1)⑦ 10時45分　① 11時10分
　　⑦ 11時25分
　(2)1分　(3)60分　(4)25分　(5)35分

**2** (1) 　(2) 　(3)

**3** (1)3時半（3時30分）　(2)

**4** (1)午後3時40分　(2)午後2時40分
　(3)2時間40分

## ハイクラス

**1** (1)ア 2時　イ 6時　ウ 13時　エ 19時
　(2)イ，エ，2時間

**2** (1)1時間25分
　(2)1時間35分

**3** (1)5，40
　(2)7，50
　(3)4，20
　(4)1，40

**4** 8時

**5** 5時50分

**6** 午前7時50分

---

## 📖 指導のポイント

**1** 時計から時刻を正確に読むことをもとにして，分と時間の関係を明らかにさせます。
**？わからなければ** 時計を見て時刻が正確にわかることが前提となります。きちんと時刻がわからない場合は，短針と長針の位置から時刻を確実に読めるようにさせましょう。また，長針が1周すると1時間たつことをもとに，60分＝1時間 の関係を確実にさせておきましょう。

**2** 長針と短針とを区別してかくようにします。短針が1つの数字から次の数字まで動く間に長針は1回転するので，先に「何時」かを考えたあとで，長針を動かして長針の位置を考えるようにします。
短針の位置は，おおよその位置にかかれてあれば，正解とします。
**？わからなければ** 長針と短針を両方かくので，実物の時計を使って，針を動かしてかくと考えやすくなるでしょう。

**3** 時刻の推移を場面に合わせて考えるので，長針と短針の関係が理解できていればわかりやすい問題です。
**？わからなければ** 1時間たったら何時何分になるのか，実物の時計で考えてかくようにするとよいでしょう。

**4** 時計の絵や図なしで，時刻や時間を求める問題です。
**？わからなければ** 実際に時計を準備して，○分後など，操作させることが大切です。

**1** 24時制で時刻を読む学習をします。午前と午後の意味を踏まえながら，12時間表示と24時間表示の関係を明らかにさせます。
**？わからなければ** 図の目盛りを1つずつ数えて読ませると，午後の時刻は，12にその時刻の数を加えたものだと気づいていきます。生活の中で，午後の時刻を24時間表示していく場面を設定しながら，考えさせましょう。

**2** 時計から時刻を正確に読むことをもとにして，時間を求めていきます。
**？わからなければ** 標準クラスと同様に，時計を見て時刻が正確にわかることが前提となります。きちんと時刻がわからない場合は，短針と長針の位置から時刻を確実に読めるようにさせましょう。

**3** 「時間」と「分」を分けて，たし算やひき算をさせます。
**？わからなければ** (4)は，1時間＝60分 の関係をもとに，3時間を2時間60分と考えて計算させましょう。

**4 5** 時計の絵はありませんが，何時何分から「何分」「何時間何分」過ぎるのか理解できれば求められます。
**？わからなければ** 実際に時計の針を動かし，時間の経過をとらえるようにすれば，時刻を知ることができます。

**6** **4**とは逆に，何時何分から「何分」前か理解できれば求められます。
**？わからなければ** 実際に時計の針を動かして時刻を読ませます。短針の読みも変わるので注意させましょう。

20

# 15 長さ

p.70〜73

## 標準クラス

**1** (1)9cm (2)7cm

**2** ⑦5mm ④2cm ⑤5cm4mm
　　⑤7cm6mm ⑦9cm
　　⑪10cm8mm
　　④と⑦の間(あいだ) 70mm
　　⑤と⑦の間 14mm

**3** (1)7 (2)10, 5

**4** 9cm5mm

**5** 1cm4mm

**6** (1)68mm (2)7cm4mm
　　(3)20mm (4)103cm
　　(5)49mm (6)500cm
　　(7)105mm (8)8m20cm

## ハイクラス

**1** (1)4cm (2)9cm (3)4cm8mm

**2** (1)3m, 3cm, 28mm, 2cm5mm
　　(2)1m4cm, 40cm, 41mm, 4cm

**3** (1)10, 3 (2)307 (3)12, 8
　　(4)8, 5 (5)27, 3

**4** (1)4, 29 (2)10, 8 (3)63

**5** (しき)25cm+3cm5mm
　　　　＝28cm5mm
　　(答え)28cm5mm

**6** (しき)14cm5mm−8cm6mm
　　　　＝5cm9mm
　　(答え)5cm9mm

**7** (しき)3m60cm−2m80cm=80cm
　　(答え)たて, 80cm

---

## 📖 指導のポイント

**1** ものさしの使い方については，次の点に注意して測定します。繰り返し練習させましょう。
(1)ものさしの端と，はかりたいところの端をそろえます。
(2)ものさしが，はかりたいところと平行になるように合わせます。
(3)はかりたいところの手前にものさしを置き，目盛りのある側をはかりたいところにつけます。
(4)目盛りは真上から読むようにします。

**2** ものさしの目盛りのしくみを理解しているか，確かめてみましょう。30cmのものさしでは，いちばん小さい目盛りは1mm，5つ集まった目盛りが5mm，10集まった目盛りが1cmの目盛り，・印をつけたのが5cmや10cmの目盛りです。これらの目盛りを，はかるものに応じて使い分け，読み取ることができることが大切です。

**3** 長さの単位のしくみを理解しているか，確かめてみましょう。
**？わからなければ** (2)は35mmをcmとmmに換算して考えさせます。

**4** 図を見て，たし算の場面であることをとらえさせます。同じ単位どうしをたし算させます。

**5** 違いがどこか，図にかき込んで考えさせます。

**6** 1cm=10mm，1m=100cm を使って，指定された単位に直すとどうなるか考えさせます。

**1** 矢印の目盛りを読むのではなく，線分の長さを読み取ります。図のものさしで，線の両端の目盛りを読み取って間の長さを考えさせます。

**2** m，cm，mmが混じっています。3つの中でmがいちばん大きな単位であることから考えさせます。
**？わからなければ** m以外は全部mmに直して考えると，比べやすくなります。

**3** (1)と(2)は計算する前に，単位を直しておかなければいけません。(1)は43mmを4cm3mmに，(2)は3mを300cmに換算しておいてからたし算します。
**？わからなければ** 1cm=10mm，1m=100cm を使って，1つ1つ単位を直して考えさせます。

**4** 単位の換算ができるだけでなく，100cmが4つ分で4mといったような，量の感覚もとらえられていることが大切です。

**5 6** 同じ単位どうしを計算します。
**？わからなければ** テープやひもで実際の長さをつくって具体的に操作したものと，計算で求めたものが，同じ長さになることを確かめさせます。

**7** 長さの差を求めます。縦の長さは3m60cm，横の長さは2m80cmになります。

# 16 かさ

## 標準クラス

**1** (1)1, 3　(2)2, 1
　(3)1, 4　(4)27

**2** (1)20　(2)37　(3)4　(4)7, 2
　(5)6000　(6)5　(7)300　(8)8

**3** (1)＞　(2)＞　(3)＜　(4)＞
　(5)＞　(6)＜　(7)＜　(8)＞

**4** (1)7L3dL　(2)5L4dL
　(3)13L7dL　(4)37L
　(5)2L3dL　(6)3L4dL
　(7)2L6dL　(8)15L9dL

**5** (1)10, 1　(2)51, 5, 1
　(3)15, 3, 12

## ハイクラス

**1** (1)37　(2)100
　(3)4, 3　(4)2, 8
　(5)4, 6　(6)91
　(7)1200　(8)5450

**2** (1)4L, 3L9dL, 38dL, 500mL
　(2)7L4dL, 70dL, 6L9dL, 750mL
　(3)132dL, 1500mL, 1L4dL, 2dL30mL

**3** (しき)50−5−4=41　(答え)41dL

**4** (しき)30−25=5　(答え)5dL

**5** (1)(しき)4+8=12　(答え)12dL
　(2)(しき)30−12=18
　(答え)1800mL

---

### 指導のポイント

**1** 1Lますと1dLますの数をかぞえることで，水のかさを求めることができるようにさせます。1dLが10個集まると1Lになることも学習させます。
**？わからなければ** LとdLに分けてかぞえ，それぞれのいくつ分かを考えさせます。そのあと，LとdLを合わせましょう。

**2** LからdLやdLからmLなどの，かさの単位換算ができるようにさせます。
**？わからなければ** 基本となる1L=10dL や1L=1000mL などの単位換算を押さえてから，問題に取り組ませましょう。1L，2L，3Lと順に大きくして考えながら，単位を換算させるとよいでしょう。

**3** かさをL，dL，mLの3つの単位で表したときの大きさ比べをさせます。大きさを比べるとき，どこから比べはじめるかを考えさせます。
**？わからなければ** 単位をそろえて考えさせましょう。例えば(3)の場合，5L4dLを54dLに換算し，54と58のように，その数の大きさだけに着目させます。

**4** かさのたし算・ひき算を筆算でさせます。
**？わからなければ** 最初は，単位を考えずに既習のたし算やひき算の筆算と同様に計算させます。そのあと，単位とともに数も読ませ，1dLが10個集まると1Lになることを考えさせましょう。
ひき算で，(6)のような場合は，ひかれる数のdLのところに数がありませんが，1Lを10dLとして，dLだけの計算を先にさせましょう。

**5** かさのたし算・ひき算をさせます。
**？わからなければ** 10dL=1L，100mL=1dL を思い出して，単位換算させるとよいでしょう。

**1** かさのたし算・ひき算をさせます。
**？わからなければ** 単位ごとに筆算に置き換えて考えさせるとよいでしょう。「標準クラス」の**4**のように，単位をそろえて計算だけを先にし，そのあと，求めたい単位に換算すると求めやすいでしょう。

**2** かさをL，dL，mLの3つの単位で表したときの大きさを比べ，大きい順に並べる学習をさせます。
**？わからなければ** 「標準クラス」と同様に，単位をそろえて考えさせるとよいでしょう。1つの単位に直すことで，数の大きさだけに着目することができます。

**3 4** かさに関する文章から，何を求めるか明確にさせます。そのあと，文意を読み取り，適切なひき算の計算をし，答えを求めさせます。
**？わからなければ** 絵や図に表して考えさせるとよいでしょう。具体的な大きさを示すことによって，問題のイメージを持たせることを大切にしましょう。

**5** かさに関する文章問題です。
**3 4**と同様に，何を求めるかを明確にして，計算をさせます。
**？わからなければ** (1)では，100mL=1dL を思い出させ，800mLをdLに換算します。
(2)では，3Lを30dLに換算して計算したあと，18dLをmLに換算するとよいでしょう。

# 17 ひょうと グラフ

## 標準クラス

**1**
(1) 右の グラフ
(2) たいち (さん)，9回
(3) さくら (さん)，5回
(4) たいちさん 90点
　　ゆうとさん 60点

わなげの 記ろく

| あおい | さくら | たいち | ゆうと |
|---|---|---|---|
| | | | |
| | ○ | | |
| | ○ | | |
| ○ | ○ | ○ | |
| ○ | ○ | ○ | ○ |
| ○ | | ○ | ○ |
| ○ | | ○ | ○ |
| ○ | | ○ | ○ |
| ○ | | ○ | ○ |
| ○ | | ○ | |

**2**
(1)

たん生月しらべ

| 4月 | 5月 | 6月 | 7月 | 8月 | 9月 | 10月 | 11月 | 12月 | 1月 | 2月 | 3月 |
|---|---|---|---|---|---|---|---|---|---|---|---|
| | | | ○ | | | ○ | | | | | |
| | ○ | | ○ | ○ | | ○ | | | ○ | | |
| ○ | ○ | ○ | ○ | ○ | ○ | ○ | ○ | | ○ | | ○ |
| ○ | ○ | ○ | ○ | ○ | ○ | ○ | ○ | ○ | ○ | ○ | ○ |
| ○ | ○ | ○ | ○ | ○ | ○ | ○ | ○ | ○ | ○ | ○ | ○ |

(2) 7月と 12月
(3) もんだい…（れい）生まれた 人が いちばん 少なかったのは，何月と 何月ですか。
　　答え…（れい）6月と 2月

## ハイクラス

**1**
(1) そうま (さん) の 2回目
(2)

とった カルタの まい数

| 名まえ | めぐみ | そうま | たいち | みさき | はるか |
|---|---|---|---|---|---|
| まい数 | 34 | 33 | 31 | 25 | 24 |

(3) めぐみ (さん) で，34まい

**2**
(1)

すきな くだものしらべ

| いちご | メロン | りんご | バナナ | みかん |
|---|---|---|---|---|
| | | | | |
| | ○ | | | |
| | ○ | | | |
| ○ | ○ | | | |
| ○ | ○ | | ○ | |
| ○ | ○ | ○ | ○ | |
| ○ | ○ | ○ | ○ | ○ |
| ○ | ○ | ○ | ○ | ○ |
| ○ | ○ | ○ | ○ | ○ |

(2) メロン　(3) バナナ
(4) いちごが すきな 人が 2人 多い。

---

## 指導のポイント

**1** 輪投げの記録の表から，それぞれの人の入った数を，落ちや重なりのないように数えることが大切です。

**？ わからなければ** (1) ○を指で押さえながら数えたり，数えた○を斜線で消したりすると正確に数えられます。
(2) グラフ上で，○の数がいちばん多い人が，いちばんたくさん入った人であることを教えて，理解させます。
(4) ○を指で押さえながら，10，20，…と声に出して，一緒に数えると，考えやすくなります。

**2** (1) 「たん生月しらべ」の表の数字の数だけ，○に直してグラフにすることを，理解させます。

**？ わからなければ** 例えば，表の4月を見てグラフの4月のところに，人数分の○を書くように導きます。
(2)(3) グラフからでも表からでも，答えを求めることや，問題を作ることができます。生まれた人がいちばん多い月といちばん少ない月は，答えを2つずつ答えなければならないことに注意します。

**1** カルタ取りの結果を考えるのに，表を縦の列で見て，1人分の1回目，2回目，3回目と見ることが大切です。数字のいちばん多いところはだれの何回目か考えます。

**？ わからなければ** (1) 1人ずついちばん数の多いところを色で囲んで考えさせると，だれの何回目かわかりやすくなります。
(2) 1人ずつ色分けして表に枠をつけると，たす数をはっきりさせることができます。

**2** 上の表をくだものごとに，正確に○のグラフにして，そのグラフを読み取っていきます。

**？ わからなければ** (1) 表とグラフの同じくだものを，同じ色で囲むとわかりやすくなります。
(2)(3) グラフのいちばん高いところや，いちばん低いところを見るようにさせます。
(4) グラフの「いちご」と「みかん」の項目に印をつけて，そこだけを考えさせましょう。

1 (1)38分(間)
  (2)2時間32分

2 (1)8L5dL（85dL）
  (2)2L1dL（2100mL）
  (3)2L3dL（23dL）
  (4)2L6dL（2600mL）

3 （しき）28+34−4=58
  （答え）58cm

4 (1) どうぶつの 絵しらべ

| どうぶつ | 犬 | パンダ | コアラ | ねこ | うさぎ |
|---|---|---|---|---|---|
| 数 | 8 | 5 | 3 | 6 | 7 |

どうぶつの 絵しらべ

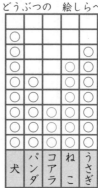

(2)犬
(3)2まい
(4)29人

---

📖 指導のポイント

1 時計から時刻を正確に読むことをもとにして，時間を求めていきます。目盛りの読み間違いに注意させましょう。

❓ わからなければ 実際に時計を使って，1目盛りが1分，数字と数字の間は5分，長針一回りで1時間ということをもとに，時間を求めさせましょう。

2 単位を，どちらかにそろえて計算します。あるいは，単位ごとに筆算で考えてもよいでしょう。単位が3種類あることに注意させましょう。

❓ わからなければ 1L=1000mL，1L=10dL であることを確認させましょう。

3 2本のテープの合計を出しますが，のりしろの4cm分が，どうなるか考えさせます。

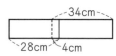

❓ わからなければ 上のような図をかいて，のりしろの4cm分だけ，ひけばいいことを理解させましょう。

4 表やグラフを読み取る問題です。
(1) どうぶつの絵しらべの表のコアラとねこの数から，グラフに○をかいていきます。また，グラフのパンダとうさぎの○の数を数えて，表のあいているところをうめます。

❓ わからなければ ○を指で押さえながら数えたり，数えた○を斜線で消したりすると正確に数えられます。
(2)(3) 表とグラフのどちらか，考えやすい方で考えさせるようにしましょう。
(4) 表の数を全てたすか，グラフの○の数を全て数えるようにさせましょう。

1 (1) わなげで　入った数

| | | | ○ |
|---|---|---|---|
| | | | ○ |
| ○ | | | ○ |
| | | ○ | ○ |
| | ○ | ○ | ○ |
| | | ○ | ○ |
| ○ | | ○ | ○ |
| ○ | ○ | ○ | ○ |
| はるか | よう子 | ひでき | あきら |

(2) あきらさんが　2こ　多い。
(3) 60点
(4) 250点

2 (1) 120
(2) 165
(3) 1，36
(4) 2，55

3 (1) 7，8
(2) 165
(3) 4，5

4 (しき) 2L=20dL
　　　　2×7=14
　　　　20−14=6
（答え）6dL

5 (しき) 3×12=36
　　　　36dL=3L6dL
（答え）3L6dL

---

📖 指導のポイント

1 (1) 輪投げの記録の表から，1人ずつ入った数を合計して，グラフにかき入れます。
❓わからなければ　1回目の数を○でかき込んでから，その上に，2回目の数をかき込むようにさせます。

(2) はるかさんとあきらさんの数の違いを求めます。答えは，「だれ」が「何こ多い」と2つ書かなくてはいけないので気をつけましょう。
❓わからなければ　はるかさんの○と同じ数だけ，あきらさんの○に色をつけ，残った数を見つけさせましょう。

(3) 10点が6こで60点と考えます。

(4) よう子さんは，合わせて5こ入っています。50，100，150，200，250と50とびで点数を考えます。
❓わからなければ　お金や数直線を使って考えさせましょう。

2 1時間=60分の関係をもとに，単位換算を確実にできるようにさせます。
❓わからなければ　(1)の場合60+60，(3)の場合96−60と考えて計算させましょう。

3 同じ単位どうしを，たしたりひいたりします。
(2)は，2mを200cmに直してから計算します。
❓わからなければ　1cm=10mm，1m=100cm を使って，1つ1つ単位を直して考えさせます。

4 5 たし算かひき算かかけ算かをよく考えて，式を書きます。

# 18 三角形と 四角形

## ▼ 標準クラス

**1** (1)四角形　(2)三角形　(3)五角形

**2** (1)エ，カ
　　(2)ク，ケ

**3**

| ちょう点 | (1) | 4 | (2) | 3 | (3) | 5 |
|---|---|---|---|---|---|---|
| へん | (1) | 4 | (2) | 3 | (3) | 5 |

**4** (1)　　　　　(2)

（上の 図は　1つの　れいです）

**5** (1)ウ，カ
　　(2)イ，エ，オ
　　(3)ア，キ，ク

## ➡ ハイクラス

**1** (1)イ　　(2)ア，エ　　(3)ウ，オ

**2** (1)10こ　(2)9こ　(3)14こ

**3** (1)3こ　(2)6こ　(3)8こ

**4** (1)　　　　(2)　　　　(3)

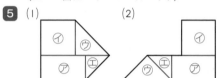

（上の　図は　1つの　れいです）

**5** (1)　　　　　　　(2)

---

## 📖 指導のポイント

**1** 直線で囲まれた形に，図形の名前をつけて形を分類，整理します。3本の直線で囲まれた図形は三角形，4本の直線で囲まれた図形は四角形と説明します。
この発展として，(3)では5本の直線で囲まれた形（五角形）の名前を考えさせます。

**2** 生活の中で，「さんかく」「しかく」としてとらえている形を，図形として定義します。
直線で囲まれた形として，直線の本数で三角形と四角形に分けることを理解させます。
**? わからなければ** 直線と直線がくっついていないと，中に入っているものを囲めないことや，曲がっていると直線ではないことを，1つ1つの図形について1本ずつ確かめながら考えさせましょう。

**3** 形を構成する辺・頂点という用語を知り，その数や場所を学習します。
**? わからなければ** 図にかき表し，矢印を付けて用語を覚えてから，問題に取り組ませましょう。

**4** 問題の形をどこで切れば（どこに直線を引けば）三角形や四角形になるか，角の数を予想していろいろ考えさせます。
**? わからなければ** 1つの図形を1本の直線で分けると，2つの図形に分けられることを確かめさせます。
定規をあてて，2つの図形に分けて考えさせてもよいでしょう。

**5** ロボットのような形を組み立てている色板の1枚1枚に目をつけて，どんな形か考えさせます。

**1** 折り目について対称な図形をかいてみるとわかりやすくなります。
例えば，イは右の図のようになります。
ウは五角形，オは六角形になります。

**? わからなければ** 実際に2つ折りにした折り紙で，切りとって考えさせましょう。

**2** 正方形のます目は三角形2個分と考えます。
**? わからなければ** 正方形のます目に，2個の三角形に分ける線をひいて数えさせましょう。

**3** ぱっと見てわかる三角形だけではなく，2つの三角形を組み合わせて大きな三角形になるかどうか考えさせます。特に，(3)では向きを変えて三角形を組み合わせることに気づかせます。
**? わからなければ** (1)→(2)→(3)と複雑になっています。
(1)で，三角形2つを組み合わせて大きな三角形ができることを経験させます。この経験を手がかりに，(2)，(3)も(1)と同じように考えさせましょう。

**4** 定規が動かないようにして，直線を引かせます。頂点から引くかどうかで，もとの図形を2つに分けてできた形が違ってきます。いろいろ考えてみましょう。
**? わからなければ** 実際に線を引く前に，定規をあてたり，鉛筆を置いたりして，図形を2つに分けて，イメージを確認すると分かりやすくなるでしょう。

**5** ㋐と㋓，㋑と㋒，㋒と㋓は，それぞれ辺の長さが同じになるところがあります。
**? わからなければ** 実際に紙を切って，㋐，㋑，㋒，㋓の形を並べさせるのもよい方法です。

# 19 長方形と 正方形

## Y 標準クラス

**1** イ，エ

**2** (1)長方形
(2)むかい合う へんの 長さが 同じ
(3)正方形
(4)直角三角形

**3** ウ，カ

**4** ア，エ，カ

**5** (れい)

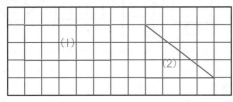

## ハイクラス

**1** (1)直角三角形 (2)4，4 (3)直角
(4)へんの 長さ，直角

**2** (れい)

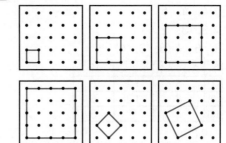

**3** (1)アとオ，カとク (2)ウとキ

**4** (1)(しき)6×4=24 (答え)24cm
(2)(れい)正方形を 2つ ならべると，ま
わりの 長さは 6cmの へん 6つ
分の 長さになるので，6×6=36より，
36cm

---

📖 指導のポイント

**1** 三角定規の直角の部分を使って考えさせます。

**2** 図形の定義を理解して分類させます。定義は次のようになっています。
正方形の定義……すべての辺の長さが等しく，すべての角が直角である。
長方形の定義……すべての角が直角である。
直角三角形の定義……直角のある三角形。

**3** 方眼に対して斜めの辺どうしは，縦と横の方眼の数を数えることで，直角になっていることを確認させます。
**? わからなければ** 三角定規の直角の部分を使って，直角であるか，そうでないかを確認させるとよいでしょう。その上で，方眼の仕組みを理解させましょう。

**4** 直角のある三角形を選ばせます。ななめの辺どうしで直角ができているときは注意させましょう。

**5** ものさしや三角定規を使って，正確に直線をかかせます。長方形や直角三角形の直角は方眼の直角を利用してかかせます。かく場所や直角三角形の向きが違っていても，正確にかけていれば，よいでしょう。

**1** 形を構成する部分の用語や数を，文章のあいている所を埋めていくことで明らかにさせます。
**? わからなければ** その文章が表す形をかいてみるとよいでしょう。先に図形の定義を書き出しておくと，文章のあいている所に書き込むとき，ヒントとして扱えるでしょう。

**2** 格子を使い，点と点を結んで，正方形を作図させます。違う大きさであることを意識させることが大切です。直角がつくられる直線は，縦と横だけでなく，いろいろな傾きで交わっていることを知らせます。
**? わからなければ** 斜めの線とそれに垂直な直線を引いて，直角の交わり方が，縦と横だけではないことを明らかにさせましょう。

**3** 半分に分けられた長方形と正方形を，辺の長さに着目して，もとの長方形や正方形に戻させます。
**? わからなければ** ものさしを使って長さをはかり，長方形や正方形の定義にあてはまる形を選ばせましょう。

**4** 正方形の性質のうち辺の特徴に着目させます。そして正方形が組み合わさった場合の長さを考えさせます。
**? わからなければ** 実際に図をかいて説明するとよいでしょう。どこの辺をかぞえればよいか考えさせましょう。

# 20 はこの 形

かたち

# 20 はこの 形(かたち)

20 はこの 形 p.94～97

標準クラス

1 ㋐ちょう点　㋑へん
㋒面

2 (1)オ　(2)ウ

3 (1)4，4，6
(2)3，3，2
3，6，4（6，3，4）

4

	ちょう点	へ ん	面
(1)	8	12	6
(2)	8	12	6
(3)	6	9	5

5 (1)9こ
(2)11こ

ハイクラス

1 (1)8つ　(2)4本　(3)2つ
(4)6，8（8，6）　(5)2つずつ

2 (1)16cm　(2)14cm　(3)18cm

3 イ，ウ，カ，キ，ク

4

指導のポイント

1 立体図形の構成要素の名称を確認させる問題です。さいころやティッシュペーパーの箱を思い浮かべて考えさせます。

わからなければ ティッシュペーパーの箱を手にとって，確認させましょう。

2 箱の形から，その展開図を考えさせます。このとき，それぞれの立体の特徴をイメージさせることが大切です。

わからなければ 実際に同じような形の箱を手元に置いて，展開図と比較して選択させましょう。さらに進めて，箱を切り開いて，ア～オの図と比較させましょう。

3 立体図形の構成要素である面の大きさと数を理解させます。この場合，見えない位置の面の大きさを考えさせることが大切です。

わからなければ (2)の場合，ラップの箱を用いて，見えない位置の面の大きさを見えている面と比較して考えさせましょう。そして，同じ大きさの面がどこにいくつあるのか調べさせましょう。

4 立体図形の構成要素（頂点・辺・面）のそれぞれの数を理解させます。

わからなければ 身近な同じ形の箱などを持って，数えて確認させましょう。

5 見えないところにある積み木に注意して数えさせましょう。

わからなければ 上の段から1段目，2段目，3段目とすると，
(1) 1段目…1こ，2段目…4こ，3段目…4こ
(2) 1段目…2こ，2段目…3こ，3段目…6こ

1 立体図形の構成要素の数とその大きさを確認させる問題です。ひごと粘土玉と板でつくられた箱の問題ですが，ティッシュペーパーの箱をイメージして考えさせます。

わからなければ 粘土玉の位置は，ティッシュペーパーの箱ではどの位置になるのか確認して，その数を考えさせます。また，向かい合っている面の大きさはどのようになっているか，確認させましょう。

2 見えないところにもテープが巻かれていることに注意させましょう。

わからなければ 次のように求めます。
(1) 5+5+3+3=16（cm）
(2) 4+4+3+3=14（cm）
(3) 5+5+4+4=18（cm）

3 さいころの展開図を考える問題です。問題以外の展開図も考えさせます。

わからなければ 問題の図を組み立てた形をイメージさせましょう。さらに，問題の図を実際に切り取り，組み立てさせましょう。

4 立体とその展開図の関係を考えさせます。各立体図形の面の形や数などの特徴を，展開図の中に見つけ解決させます。円柱については，底面が円ということから，展開図に円が２つあることを理解させます。

わからなければ 三角柱と三角すいの違いを，底面の数の違いと，側面の形が長方形か三角形かから考えさせましょう。

1

| | へん | ちょう点 | 直角 |
|---|---|---|---|
| 長方形 | 4 | 4 | 4 |
| 正方形 | 4 | 4 | 4 |
| 直角三角形 | 3 | 3 | 1 |

2
(1)ア，エ，オ
(2)ウ，ク，ケ
(3)イ，カ，キ
(4)ウ
(5)ア，オ

3 (1) (2) (3)

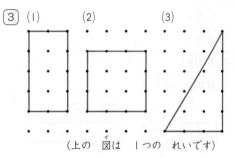

（上の　図は　1つの　れいです）

4 (1)5，4，
　　7，4，
　　8，4，
　　（5cm，7cm，8cmの　じゅん番は　ど
　　れが　先でも　よいです）
(2)8つ
(3)2つ

---

📖 指導のポイント

1 それぞれの図形の構成要素や定義を思い出して，考えます。
❓わからなければ 実際に図をかいたり身近な紙などを使って，数えさせるとよいでしょう。

2 三角形や四角形を選び出す問題です。三角形や四角形は，直線だけで囲まれている形であることを思い出させましょう。その上で，(3)は，図形を囲む線に直線以外が含まれるものを選ばせます。五角形であるカも忘れないようにしましょう。
(4)，(5)は，長方形，直角三角形の定義を理解して選ばせます。
長方形の定義……すべての角が直角である。
直角三角形の定義……直角のある三角形。

3 ものさしや三角定規を使って，正確に直線をかかせます。
かく場所や直角三角形の向きが違っていても，正確にかけていれば，よいでしょう。

4 箱の形は，頂点が8つ，辺が12本，面が6つで構成されていることを確認させます。
❓わからなければ ひごに長さを書き込み，何本ずつあるか調べさせましょう。このとき，同じ長さの辺がそれぞれ4本ずつあることに気づかせましょう。

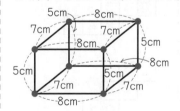

1 (1) 三角形
　(2) 長方形
　(3) 正方形
　(4) 直角三角形

2 (1)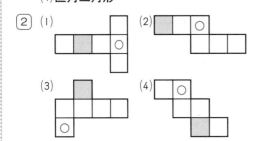

3 (1)36　(2)26

4 (1)16こ　(2)5こ

5 (1)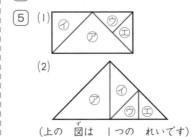
　(2)

（上の 図は 1つの れいです）

━━━━ 📖 指導のポイント ━━━━

1 (1) 頂点と辺がそれぞれ3つずつで成り立つ図形が三角形であることを思い出させましょう。

❓わからなければ 実際に頂点と辺が3つずつの図形をかかせてみましょう。

(3) 全ての辺の長さが同じで、全ての角が直角である図形を正方形ということを思い出させましょう。

❓わからなければ 問題をよく読ませて、条件に沿った図形をかかせてみましょう。

2 立体図形の向かい合う面について、展開図の位置から考えさせます。

❓わからなければ 実際に展開図から箱を組み立てて向かい合う位置にある面を調べさせましょう。
下図の同じ印のある面が、向かい合う面になります。

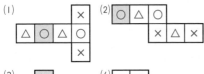

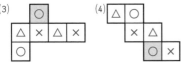

3 向かい合う辺の長さが等しいことを使って、わかる長さを書き込んで、まわりの長さを計算します。

❓わからなければ 実際に長方形を並べて計算させましょう。

4 直線の組み合わさった図形から、直角三角形や正方形を見つけ出させます。

❓わからなければ 1つの直角三角形を見つけたら、同じ大きさの直角三角形が違う位置にないか調べさせましょう。正方形も同様に見つけます。

直角三角形は ◁ のような形を見落としやすいので注意させましょう。

5 色紙などを切って、実際に㋐～㋓の形をつくって考えてみます。1つできたときも、ほかの並べ方もできないか考えてみましょう。

## 標準クラス

**1**
```
┌─── はじめ □こ ───┐
├──────┬──────────┤
くばった 18こ   のこり 76こ
```
(しき) 18+76=94   (答え) 94こ

**2** (1)
```
┌─── はじめ 69まい ───┐
├──────────┬────────┤
 つかった □まい  のこり 19まい
```
(2)(しき) 69−19=50   (答え) 50まい

**3** (1)
```
┌─── はじめ □人 ───┐
├──────┬──────────┤
もどった 36人  のこり 27人
```
(2)(しき) 36+27=63   (答え) 63人

**4** (れい)
```
┌──── 72(本) ────┐
├──────────┬────┤
   □(本)     17(本)
```
(もんだい) えんぴつが 72本 ありました。何本か つかったので, のこりが 17本に なりました。つかったのは 何本ですか。
(答え) 55本

## ハイクラス

**1** (しき) 19+37=56
(答え) 56こ

**2** (しき) 76−29=47
(答え) 47台

**3** (しき) 64+97=161
(答え) 161ページ

**4** (しき) 81−38=43
(答え) 43まい

**5** (しき) 18+26+65=109
(答え) 109こ

**6** (しき) 2000−160−270=1570
(答え) 1570円

**7** (しき) 19−7=12
(答え) 12点

---

### 📖 指導のポイント

**1** 問題文に書かれている数字からあてはめていきます。求めるものが「はじめの個数」なので,「くばった個数」と「残りの個数」をたせばよいことがわかります。

**2** 問題文に書かれている数字からあてはめていきます。求めるものが「使った枚数」なので,「はじめの枚数」から「残りの枚数」をひけばよいことがわかります。

**3** 問題文に書かれている数字からあてはめていきます。求めるものが「はじめの人数」なので,「残りの人数」と「戻った人数」をたせばよいことがわかります。

**❓ わからなければ** **2** **3** まず,「はじめの量」についての図をかき,そこに「減った量」,「残りの量」を加えていきます。

**4** 下のような図では,たし算の問題をつくることができます。様々な問題をつくらせてみましょう。

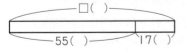

**1** 求めるものは「はじめの個数」なので,「食べた個数」と「残った個数」をたして求めます。

**2** 求めるものは「出た車の台数」なので,「はじめの車の台数」から「残った車の台数」をひいて求めます。

**3** 求めるものは「全体のページ数」なので,「読んだページ数」と「残っているページ数」をたして求めます。

**4** 求めるものは「あげた枚数」なので,「はじめの枚数」から「残った枚数」をひいて求めます。

**5** 求めるものは「はじめの個数」なので,「食べた個数」と「残った個数」をたして求めます。

**6** 求めるものは「本の代金」なので, 2000円から「ジュースの代金」と「残った金額」をひいて求めます。

**❓ わからなければ** **1**〜**6** 図に表して考える場合は,まず,「はじめの量」についての図をかき,そこに「減った量」,「残りの量」をかき加えていきます。

**7** さくらさんの得点を基準にして,だいとさんの得点とみずきさんの得点を考えます。

**❓ わからなければ** さくらさんの得点を「50点」のように具体的に決めてから2人の得点を出して計算します。

# 22 いろいろな もんだい ②

p.106〜109

## 標準クラス

**1** (しき) 7×8=56
(答え) 56こ

**2** (しき) 54−38=16
(答え) 16まい

**3** (しき) 35−19+48=64
(答え) 64本

**4** (しき) 3000−1800=1200
1200mL=1L200mL
(答え) 1L200mL

**5** (しき) 7×3=21 40+21=61
(答え) 61こ

**6** (しき) 1300+800=2100
(答え) 2100g

**7** (しき) 4×5=20 37−20=17
(答え) 17L

**8** (しき) 436−124=312
(答え) 312cm

## ハイクラス

**1** (しき) 7×6=42
97−42=55
(答え) 55まい

**2** (しき) 8×6=48
48−37=11
(答え) 11本

**3** (しき) 2×4=8
8L−3L700mL=4L300mL
(答え) 4L300mL

**4** (しき) 315+275+165=755
(答え) 755cm

**5** (しき) 4×4=16
96−16=80
80+4=84
(答え) 84台

**6** (しき) 9×4=36
36−9=27
(答え) 27こ

---

📖 指導のポイント

**1** りんごの個数がみかんの個数の8倍なので，かけ算をします。

**2** ちがいを求めるので，ひき算をします。

**3** 求めるものは「最後の鉛筆の本数」なので，「はじめの本数」から「使った本数」をひいて，「買った本数」をたして求めます。

**4** 単位をmLにそろえなくても計算できますが，わかりにくい場合は，1L=1000mL に注意して，一度，単位をmLにそろえてから計算し，最後に単位を○L△mLに直します。

**5** 「はじめの個数」に「3人が袋に入れた個数」をたして求めます。

**6** 1kg=1000g に注意して，単位をgにそろえてから計算します。

**7** 「はじめの量」から「バケツでくみ出した水の量」をひいて求めます。

**8** 1m=100cm に注意して，単位をcmにそろえてから計算します。

**？わからなければ** **1**〜**8** わからない場合は図に表して考えましょう。

**1** まず，食べた枚数を求め，次に残った枚数を求めます。

**2** まず，ボールペンの本数を求め，次に赤えんぴつの本数を求めます。

**3** まず，ペットボトルに入った全部のお茶の量を求めます。

**？わからなければ** 単位をmLにそろえてから計算させましょう。

**4** 2回切り取っているので，「残った長さ」と「先に切った長さ」と「後で切った長さ」をたして求めます。

**？わからなければ** 単位をcmにそろえてから計算させましょう。

**5** まず，入ってきた車の数を求めます。次に，「はじめ」→「4台出た」→「16台入った」→「96台」の順に台数がかわることを確かめてから，計算します。

**6** まず，お姉さんの持っている消しゴムの数を求め，それから持っている消しゴムの数の差を求めます。

# 23 いろいろな もんだい ③

## 標準クラス

1　40m

2　63m

3　9円

4　(1)46m　(2)22m

5　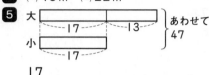
　　　17

## ハイクラス

1　51cm

2　32本

3　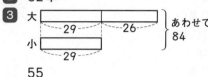
　　55

4　(1)7円　(2)4円

5　(1)77m　(2)9m

---

### 📖 指導のポイント

**1** 旗と旗の間の数は，旗の数より1少なくなることに注意しましょう。
6−1=5　8×5=40 (m)

**2** 輪になるように並べると，くいとくいの間の数は，くいの数と等しくなります。
7×9=63 (m)

**3** あめの数はどちらの場合も2個なので，
57−48=9 (円)，代金の差9円は，5−4=1 (個) より，ガム1個分の値段になります。よって，ガムの値段は9円です。

**？わからなければ** 下のように図をかき，同じものを消して，値段の差と個数の差を見つけましょう。

㋐㋐㋑㋑㋑㋑　　48円
㋐㋐㋑㋑㋑㋑㋑　57円

**4** (1) 反対方向に進むので，2人の間の道のりはそれぞれが進んだ道のりをたして求めます。
(2) 同じ方向に進むので，2人の間の道のりは進んだ道のりの長い方から短い方をひいて求めます。

**5** 図を見ると，小さい方の数の2つ分が，
47−13=34 だとわかります。（　）には，同じ数があてはまるので，小さい方の数は17です。

**1** つなぎ目の数は，テープの数より1少なくなることに注意しましょう。
9×7=63　2×6=12　63−12=51 (cm)

**2** 輪になるように並べると，木と木の間の数は，木の数と等しくなります。
4×8=32 (本)

**3** 図から，小さい方の数の2つ分が，84−26=58 だとわかるので，「標準クラス」の**5**と同じように考えると，小さい方の数は，29です。よって，大きい方の数は，29+26=55 です。

**4** (1) 赤色の折り紙の枚数はどちらの場合も1枚なので，代金の差，60−53=7 (円) は，金色の折り紙，8−7=1 (枚) 分の値段になります。よって，金色の折り紙の値段は7円です。
(2) 赤色の折り紙1枚の値段は，
7×7=49，53−49=4 (円)

**？わからなければ** 下のように図をかき，同じものを消して，値段の差と個数の差を見つけましょう。

㋕㋎㋎㋎㋎㋎㋎㋎　　53円
㋕㋎㋎㋎㋎㋎㋎㋎㋎　60円

**5** (1) 反対方向に進むので，2人の間の道のりは，それぞれが進んだ道のりをたして求めます。
(2) 同じ方向に進むので，2人の間の道のりは，進んだ道のりの長い方から短い方をひいて求めます。

# 24 いろいろな もんだい ④

p.114〜117

## ⊤ 標準クラス

**1** (1) 7
(2) 50
**2** (1) 20まい
(2) 110まい
**3** (1) 2本
(2) 17本
**4** (1) 16
(2) 64

## ➡ ハイクラス

**1** 73
**2** 116
**3** 85まい
**4** (1) 22本
(2) 37本
**5** (1) 36
(2) 51

---

📖 指導のポイント

**1** (1) となりの数との差を計算すると，
8−1=7，15−8=7 なので，7ずつ増えていることがわかります。
(2) 8番目の数は，1番目の数である1に，7を
8−1=7（回）加えたものなので，1に 7×7=49 を加えた数です。
よって1つの式にまとめると，1+7×7=50 となります。

**2** 1番目の図形と2番目の図形，2番目の図形と3番目の図形をそれぞれ比べて，考えさせます。
(1) 1番目の図形は2枚，2番目の図形は，1番目の図形の下に4枚加わり，3番目の図形は，2番目の図形の下に6枚加わっているので，4番目の図形は上から，2枚，4枚，6枚，8枚と並ぶと考えられます。
(2) 10番目の図形は，上から，2枚，4枚，6枚，8枚，10枚，12枚，14枚，16枚，18枚，20枚と並ぶと考えられます。

**3** (2) 1個目の三角形をつくるのに必要なマッチ棒の本数は3本で，2個目からは三角形を1個つくるのに必要なマッチ棒の本数は2本です。
必要なマッチ棒は，1個目の3本に 2×7=14（本）を加えたものです。

**4** (1) 4段目までに小さい三角形は16個並ぶから，4段目のいちばん右の数は16です。
(2) それぞれの段のいちばん右の数は，1段目が1(1×1)，2段目が4(2×2)，3段目が9(3×3)，4段目が16(4×4)，…となっているから，8段目のいちばん右の数は，8×8=64 です。

**1** となりの数との差を計算すると，13−7=6，19−13=6 なので，6ずつ増えていることがわかります。12番目の数は，7に6を，12−1=11（回）加えたものです。

**2** となりの数との差を計算すると，200−194=6，194−188=6 なので，6ずつ減っていることがわかります。15番目の数は，200から6を，15−1=14（回）ひいたものです。

**3** 1番目の図形と2番目の図形，2番目の図形と3番目の図形をそれぞれ比べて，考えましょう。
1番目の図形は1枚，2番目の図形は上から，1枚，3枚，1枚，3番目の図形は上から，1枚，3枚，5枚，3枚，1枚と並んでいるので，7番目の図形は上から，1枚，3枚，5枚，7枚，9枚，11枚，13枚，11枚，9枚，7枚，5枚，3枚，1枚と並ぶと考えられます。

**4** (1) 1個目の正方形をつくるのに必要なマッチ棒の本数は4本で，2個目からは正方形を1個つくるのに必要なマッチ棒の本数は3本です。必要なマッチ棒は，4+3×6=22（本）です。
(2) (1)と同じように考えると，4+3×11=37（本）です。

**5** (1) 1列目の数は，1行目が1(1×1)，2行目が4(2×2)，3行目が9(3×3)だから，6行目の1列目は，6×6=36 と考えられます。
(2) 2行目の8列目の数は，1行目の8列目の数より1大きくなります。また，1行目の8列目の数は，7行目の1列目の数より1大きくなります。よって，2行目の8列目の数は，7行目の1列目の数より2大きい数になります。したがって，7×7+2=51 です。

1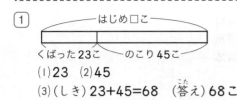
　(1) 23 　(2) 45
　(3)(しき) 23+45=68 　(答え) 68こ

2 (しき) 73-24=49 　(答え) 49まい

3 (しき) 12+19=31 　(答え) 31人

4 (しき) 6×4=24 　(答え) 24こ

5 (しき) 400-120=280
　　　　 280+300=580
　(答え) 580円

6 (しき) 4×3=12 　48-12=36
　(答え) 36まい

7 (しき) 7×3=21 　21-5=16
　(答え) 16本

---

📖 指導のポイント

① 問題文に書かれている数字を，図にあてはめていきます。図から，「はじめの個数」は，「くばった個数」と「残りの個数」をたしたものであることがわかります。

② 前問のように，図に表して考えるようにしましょう。問題文に書かれている数字を，図にあてはめていきます。図から，「使った枚数」は，「はじめの枚数」から「残りの枚数」をひいたものであることがわかります。

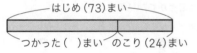

③ 問題文に書かれている数字を，図にあてはめていきます。図から，「はじめの人数」は，「おりた人数」と「残りの人数」をたしたものであることがわかります。

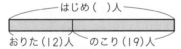

❓わからなければ 1，2，3 まず，「はじめの量」についての図をかき，そこに「減った量」，「残りの量」を加えていきます。

④ キャラメルの個数は，ガムの個数の4倍なので，かけ算で求められます。

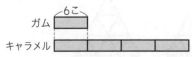

⑤ 問題文に書かれている数字を，図にあてはめていきます。図から，まず，本を買った残りの金額をひき算で求め，それにもらった金額をたせばよいことがわかります。ひき算とたし算を別々に計算させる方が，理解しやすいでしょう。

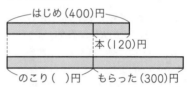

⑥ 問題文に書かれている数字を，図にあてはめていきます。まず，3人にあげる枚数をかけ算で求め，それをはじめの枚数からひけばよいことがわかります。

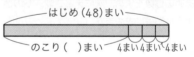

⑦ 問題文に書かれている数字を，図にあてはめていきます。まず，色鉛筆の3倍の本数を求め，そこから5本ひけばよいことがわかります。鉛筆の本数は，色鉛筆の本数の3倍より少ないことに注意して，図をかかせます。

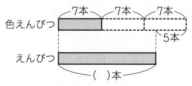

1　(しき) 43−12=31　31+7=38
　　(答え) 38台

2　(しき) 8+6=14　(答え) 14こ

3　(しき) 6×7=42　42−4=38
　　　　　38−24=14　(答え) 14こ

4　56

5　54m

6　77m

7　84本

---

📖 指導のポイント

1　問題文に書かれている数字を，図にあてはめていきます。図から，「最後にとまっていた台数」から「入ってきた台数」をひき，「出た台数」をたしたものであることがわかります。

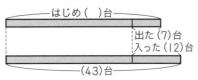

2　前問のように，図に表して考えるようにしましょう。図から，3人の持っている個数の大小関係をはっきりさせることが大事です。あとは，図に書き込んだ数から2人の個数の違いがわかるでしょう。

3　問題文に書かれている数字を，図にあてはめていきます。まず，あめの個数を求め，次にチョコレートの個数を，というように順番に求めます。

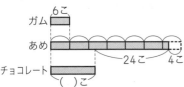

4　数の規則性の問題です。並んでいる数は，2から6ずつ増えていることがわかります。10番目の数は，2に，6を 10−1=9 (回) 加えたものなので，
2+6×9=56 となります。

5　植木算と呼ばれる問題です。図のように，花の本数より，木と花，花と花の間の数が1つ多いことがわかります。このように，木の本数や花の本数と，その間の数の関係を図から理解できることが大事です。
6×9=54 (m)

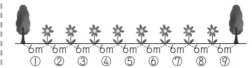

6　問題文に書かれている数字を，図に表してみます。2人はそれぞれ反対方向に進むので，進んだ分だけ離れていくことがわかります。したがって，2人の進んだ分のたし算になることがわかります。
35+42=77 (m)

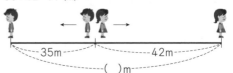

7　図の斜線部分の三角形を作っているマッチ棒の数だけ数えればよいことがわかります。斜線部分の三角形は，1番目が1個，2番目が 1+2=3 (個)，3番目が1+2+3=6 (個) のように，いちばん下の段の分だけ増えていきます。その増えた三角形のマッチ棒の本数を，順に7番目までたして求めます。
3番目は，3×6=18
4番目は，3×4=12　18+12=30
5番目は，3×5=15　30+15=45
6番目は，3×6=18　45+18=63
7番目は，3×7=21　63+21=84

1番目　　2番目　　　3番目

1 (1)69 (2)56 (3)176 (4)121
(5)173 (6)700 (7)76 (8)129
(9)264 (10)470 (11)703 (12)389
(13)1261 (14)9010

2 (1)22 (2)45 (3)42 (4)71
(5)46 (6)300 (7)42 (8)58
(9)54 (10)96 (11)142 (12)469
(13)587 (14)1539

3 (1)3時55分 (2)5時38分
(3)10時49分

4 (1)イ, カ, ク (2)ア, エ, オ

5 (1)13 (2)425 (3)2240

1 (1)63 (2)54 (3)21 (4)24
(5)72 (6)28 (7)63 (8)48
(9)40 (10)24 (11)49 (12)81

2 (1)45 (2)42 (3)100

3 (1)9, 2 (2)10, 5 (3)2, 1
(4)3, 20 (5)5000 (6)2000

4 (1)(しき)49+67=116
(答え)116こ
(2)(しき)67−49=18 (答え)18こ

5 (しき)130−45=85
(答え)85cm

6 (しき)6×8=48 5×7=35
48+35=83 (答え)83こ

7 (しき)102−27−13=62
または 102−(27+13)=62
(答え)62まい

📖 指導のポイント

1 たし算の計算です。筆算でするときは，位をそろえて書くこと，一の位から順に上の位へ計算していくこと，繰り上がりがある場合は，繰り上がった1を上の位の計算のときに加えることなどが正しくできているかを，見るようにします。

2 ひき算の計算です。1のたし算と同じように，筆算が正しくできるようになっているかを見ましょう。繰り下がりに注意して，一の位から計算します。

❓わからなければ 繰り下がったとき，1つ上の位が1減ることを確認させるようにします。

3 それぞれの時刻から，○分前や○分後の時刻を答えます。(2)，(3)は短針の位置に注意して，時刻を求めましょう。

❓わからなければ 実際の時計を使って，長針と短針の動きに気をつけて時刻を読ませます。

4 三角形と四角形の仲間分けの問題です。
・三角形は，3本の直線で囲まれた形
・四角形は，4本の直線で囲まれた形

5 位取りの表に，数字を書いて考えさせます。

❓わからなければ 位取りの表に数字の数ずつおはじきなどを置いてから，数字に置き換えます。

1 かけ算の計算です。かけ算の九九の練習，習得についてはかけ算の九九の表を作成して，すべての段の九九について答えを書き込ませ，苦手な段の九九については集中的に練習を繰り返しましょう。

2 計算のきまりを使い，たし算・ひき算に気をつけて計算します。

❓わからなければ （ ）の中を先に計算することを，確認させましょう。

3 長さの計算では 1m=100cm，1cm=10mm を使って同じ単位のものどうしを考えさせます。

❓わからなければ (5)，(6)は，1000のいくつ分かを考えて計算させます。

4 1つの問題の場面から，2つの数の合計とその2つの数の違いを求める文章問題です。問題場面を図にかいて，考えるようにさせるとよいでしょう。

❓わからなければ (2)では，2人のどちらが多いかを判断してからひき算をさせます。

5 ひき算の文章問題です。

6 かけ算とたし算の文章問題です。

❓わからなければ 赤と青それぞれ別々に求めてたします。

7 よしおさんが2人からもらったシールを戻せば求められることを理解させます。

❓わからなければ 場面を図で表してから式にしましょう。

37

1 (1)51　(2)29　(3)47　(4)284
　(5)24　(6)43　(7)19　(8)446
2 (1)180　(2)165　(3)1, 16　(4)78
　(5)1500　(6)8　(7)634　(8)10, 8
3 (1)8752　(2)2057　(3)5872
4 (れい)

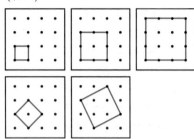

5 (れい)

6 (1)0, 1, 2, 3, 4
　(2)0, 1, 2, 3, 4, 5
　(3)7, 8, 9, 10
　(4)8, 9, 10
7 (しき)6×7=42　42-3=39
　(答え)39人
8 (1)4cmの ひご　4本, 6cmの ひご　8本
　(2)8つ　(3)4つ
9 (1)1, 51　(2)5, 12
　(3)3, 2　(4)4, 3
10 (しき)2×4=8　3×3=9
　　　　9-8=1
　(答え)ひろしさんの　ほうが　1dL
　　　　多く　入る。

────── 📖 指導のポイント ──────

1 たし算やひき算で, 隠された数を考えさせます。
❓わからなければ (1) 32+□=83 の場合「32にある数をたすと83になる」から, 逆に考えて「83から32をひくとある数になる」というように, 式を考えさせます。また, (5) 65-□=41 の場合は, 「65からある数をひくと41になる」から, 逆に考えて「65から41をひくとある数になる」と式を考えさせます。

2 時間, かさ, 長さの単位の換算を学習させます。
1時間=60分, 1L=10dL, 1L=1000mL,
1dL=100mL, 1m=100cm, 1cm=10mm です。

3 4けたの数なので, 0が千の位に入ることはありません。いちばん大きい数では, 千の位から大きい順に並べます。いちばん小さい数では, 千の位から小さい数を置きますが, 0は百の位に置きます。
❓わからなければ カードをつくって, 位取りの表にカードを置いて, 考えさせます。

4 格子の点を使って, 正方形を作図させます。
❓わからなければ 三角定規を使って直角を確認させます。辺の長さは, 格子の点の数から確認させていきましょう。

5 格子の点を使って, 直角三角形を作図させます。
❓わからなければ 三角定規を使って, 直角を確認させましょう。

6 □のない方を計算したあと, □に, 数を順番に入れていきます。

7 かけ算とひき算の混ざった文章問題です。6×7で42個のりんごを1人1個ずつ配ったら, 3個余ったので, 人数は, りんごの数より, 3少ないことになります。
❓わからなければ 問題場面を図で表して, わかりやすく説明してみましょう。

8 箱の形の辺・頂点・面を問う問題です。図を参考にして考えます。
❓わからなければ お菓子などの箱を準備して, 実際にさわりながら, 確かめていきましょう。

9 1時間=60分, 1L=10dL, 1dL=100mL をもとに考えます。
❓わからなければ 時間のたし算は, 時間と分に分けて計算させます。そして換算し, 答えを求めさせましょう。かさのたし算は, 400mL, 800mLをdLに直してから計算させます。

10 ○の○倍分という考えからかけ算を使えばよいこと, 違いを求めるのでひき算ということがわかります。
❓わからなければ 図に表して, 説明をしましょう。